MINISTERE DE L'AGRICULTURE.

SERVICE DU CRÉDIT MUTUEL ET DE LA COOPÉRATION AGRICOLES.

GUIDE PRATIQUE

POUR

LA TENUE DE LA COMPTABILITÉ

D'UNE

CAISSE LOCALE DE CRÉDIT AGRICOLE MUTUEL.

PARIS.

IMPRIMERIE NATIONALE.

1910.

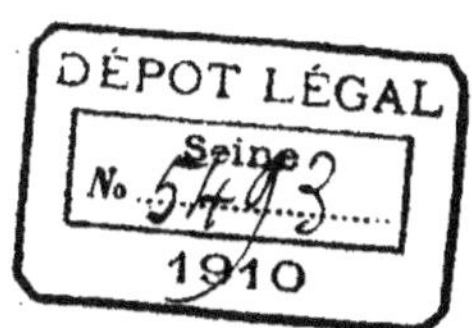

SERVICE DU CRÉDIT MUTUEL ET DE LA COOPÉRATION AGRICOLES.

GUIDE PRATIQUE

POUR

LA TENUE DE LA COMPTABILITÉ

D'UNE

CAISSE LOCALE DE CRÉDIT AGRICOLE MUTUEL.

PARIS

IMPRIMERIE NATIONALE.

1910.

[illegible]

[illegible]

[illegible]

[illegible]

[illegible]

[illegible]

[illegible]

[illegible]

GUIDE PRATIQUE

POUR

LA TENUE DE LA COMPTABILITÉ

D'UNE

CAISSE LOCALE DE CRÉDIT AGRICOLE MUTUEL.

I

INTRODUCTION.

A mesure que les procédés de production se transforment dans toute industrie, exigeant l'emploi de capitaux plus considérables, le besoin d'une comptabilité bien organisée se fait sentir plus vivement pour permettre de suivre le développement des affaires et de se rendre compte exactement des résultats obtenus.

Cependant, la connaissance de la comptabilité est peu répandue, en dehors des centres commerciaux importants, et un grand nombre de Caisses locales de crédit agricole éprouvent de sérieuses difficultés à trouver un comptable pour la tenue de leurs écritures.

Cette situation provient de ce que beaucoup de personnes capables de s'assimiler rapidement les quelques règles qui constituent la base de la science du comptable, s'effraient à l'idée d'ouvrir un traité de comptabilité et..... y renoncent. Il y a là une disposition d'esprit qui tient à diverses causes que nous ne nous attarderons pas à discuter, car nous avons hâte de démontrer aux personnes auxquelles nous nous adressons qu'elles peuvent parfaitement, après la lecture des indications qui suivent, tenir la comptabilité d'une caisse locale de crédit agricole que nous leur proposons.

Cette comptabilité, dont l'organisation diffère, certes, de celle d'un grand établissement financier, a été simplifiée autant qu'il nous a paru possible; mais, néanmoins, elle répond bien à son objet et comporte tous les éléments d'un contrôle indispensable. Elle se compose essentiellement, au point de vue matériel, d'un « Journal-Grand-Livre » qui tient lieu en même temps de livre de caisse, de livre d'effets à recevoir, de livre des inventaires, et qui est complété par deux autres registres ou cahiers : le Livre des sociétaires et le Livre des prêts en cours.

La tenue de notre Journal-Grand-Livre est facilitée par sa disposition et les indications portées en tête de chaque colonne, et aussi par le répertoire analytique que l'on trouvera plus loin, page 32.

Quant aux Livres des « Sociétaires » et des « Prêts en cours », leur tenue ne présente aucune difficulté.

Ajoutons, avant de terminer, que notre comptabilité est disposée spécialement en vue de faciliter aux Caisses locales l'établissement des renseignements qu'elles doivent fournir périodiquement et à la fin de chaque année à leur Caisse régionale, et que l'on y trouve résumé les deux modes de fonctionnement d'une caisse locale, sans avance de la Caisse régionale pour fonds de roulement, puis avec avance.

Si notre modeste travail peut, comme nous l'espérons, contribuer, dans une mesure appréciable, à la bonne administration de ces institutions si intéressantes que sont les Caisses locales de crédit agricole, nous aurons atteint le but que nous nous sommes proposé.

Le guide pratique pour la tenue de la comptabilité d'une caisse locale et le journal grand-livre correspondant sont remis gratuitement aux caisses qui en font la demande au Service du Crédit agricole au Ministère de l'Agriculture.

II

EXPLICATIONS DE QUELQUES TERMES ET RÈGLES DE COMPTABILITÉ. — COMMENT SE TIENT LE JOURNAL-GRAND-LIVRE.

Avant d'aborder la tenue des livres dont nous venons de parler, il est nécessaire que nous expliquions quelques termes et quelques règles de comptabilité.

Disons, pour commencer, que tout compte se divise en deux parties : le DÉBIT et le CRÉDIT que l'on appelle également le DOIT et l'AVOIR. Sur les livres, le « Débit » ou « Doit » est toujours à gauche ; et le « Crédit » ou « Avoir » à droite.

« Débiter » un compte, c'est inscrire une somme à son débit ; le contraire « Créditer » un compte, c'est inscrire une somme à son crédit.

Une opération commerciale suppose généralement l'intervention de deux personnes, que la comptabilité représente par leurs comptes : l'une qui fournit, et l'autre qui reçoit. Celle qui reçoit doit à celle qui fournit ; l'on dit encore que le compte qui reçoit est débiteur de la somme reçue et que celui qui fournit cette somme en est créditeur. La règle fondamentale qui sert de base à toute comptabilité, même à celle qui paraît la plus compliquée, est contenue tout entière dans les trois lignes de la phrase qui précède. On voit qu'il est bien facile de retenir cette règle et d'en faire l'application.

Supposons qu'un emprunteur nous remette un billet de 300 fr. ; nous débitons le compte « Effets escomptés » qui reçoit le billet de la valeur de celui-ci et nous créditons le compte des « Emprunteurs » de la même valeur remise par l'un d'eux.

Par analogie, le compte de pertes et profits est débité de l'escompte qu'il supporte, de certaines charges comme les « Frais généraux », et des pertes s'il s'en produit ; au contraire, il est crédité de l'escompte dont il profite, des opérations qui diminuent les pertes, et des profits divers réalisés. Si nous remettons en espèces à l'emprunteur dont nous avons parlé, 297 francs, et lui retenons 3 francs, pour escompte, nous débitons son compte des 297 francs qu'il reçoit et des 3 francs d'escompte qu'il supporte, en même temps que nous créditons le compte de caisse des 297 francs remis et le compte de pertes et profits de l'escompte dont il bénéficie.

Nos opérations étant inscrites correctement au Journal-Grand-Livre, le relevé des comptes devra nous donner, au débit, une somme égale à celle du crédit, puisqu'un débit correspond toujours à un crédit égal. Le manque de concordance nous révélerait qu'une confusion ou omission s'est produite et il nous serait facile de la retrouver; c'est en cela que réside le contrôle. De même le relevé des soldes débiteurs doit être égal aux soldes créditeurs. On appelle solde d'un compte la différence qui existe entre le total du débit et le total du crédit. Si cette différence est en faveur du débit, *le solde est débiteur*, dans le cas où elle est à l'avantage du crédit, *le solde est créditeur*. Solder ou balancer un compte, c'est inscrire du côté où le total est le plus faible la somme nécessaire pour égaliser les totaux des deux côtés.

Le *virement* est une écriture qui a pour objet de transporter une somme du débit ou du crédit d'un compte au débit ou au crédit d'un autre compte. La somme transportée d'un compte à un autre compte doit y figurer du même côté. L'on trouvera un exemple de virement sous le numéro 74 du Journal.

Notre Journal-Grand-Livre comporte onze comptes dont dix sont spécialisés, c'est-à-dire que chacun d'eux ne centralise que les écritures se rapportant à des opérations déterminées; celles qui ne pourraient pas rentrer dans l'une des catégories faisant l'objet d'un compte spécial seraient portées à un compte dénommé « Intérêts sur parts sociales et Divers ».

Les opérations s'inscrivent dans la colonne réservée pour cet objet en les présentant aussi clairement que possible avec les détails intéressants.

12 juillet.	Reçu de Jourdan, à Clamart, son billet au 15 octobre, n° 1	300ᶠ 00
12 —	Envoyé à la Caisse régionale pour escompte, le billet n° 1	300 00
15 —	Reçu de la Caisse régionale, en espèces, montant net de notre bordereau...	297 50
	Retenu par la Caisse régionale, pour escompte........... 2ᶠ 25	
	pour frais d'envoi........ 0 25	
	———	2 50
15 juillet.	Remis à Jourdan, en espèces................................	296ᶠ 75
15 —	Retenu par nous pour escompte et frais...................	3 25

Puis, le montant de chaque opération, ou le total des opérations de même nature, est porté au débit du compte qui reçoit ou qui supporte une charge, et au crédit du compte qui fournit ou qui profite d'un bénéfice. (Voir au *Journal*, articles nᵒˢ 4 à 8).

Les indications qui précèdent paraissent suffisantes pour montrer comment les écritures sont passées au Journal.

Le comptable débutant, appelé à passer une écriture au Journal-Grand-Livre, aura d'abord à se rendre compte de la nature de l'opération, puis il cherchera, en s'aidant des indications données, le compte qui reçoit et celui qui fournit, et lorsqu'il aura trouvé comment il va inscrire son article, il se vérifiera en se reportant à un article analogue de notre modèle. Le répertoire qui suit le Journal permet de retrouver très facilement l'article type désiré. Cette façon de procéder, qui ne présente aucune difficulté, donnera toute l'assurance désirable au plus hésitant et lui permettra d'acquérir la pratique qui lui manque tout en tenant correctement ses écritures.

Le comptable déjà au courant de la comptabilité commerciale pourra passer ses articles suivant la formule ordinaire, mais en s'astreignant, pour commencer, à suivre très exactement nos indications relatives à l'intervention des comptes, afin d'éviter des complications qui pourraient ne pas apparaître tout d'abord.

S'il arrivait, malgré toute l'attention apportée au travail, qu'une confusion se produisît soit dans l'inscription d'une somme, soit dans le choix de la colonne où elle doit figurer, il suffirait, pour réparer l'erreur, de rayer le mauvais chiffre à l'encre rouge et d'écrire le bon chiffre, également à l'encre rouge, soit au-dessus, soit dans la colonne désignée. Éviter soigneusement de gratter ou de surcharger les écritures du Journal.

L'application de la méthode que nous venons d'exposer est présentée dans le modèle de Journal-Grand-Livre ci-contre qui groupe les diverses opérations que peut faire une caisse locale de crédit agricole mutuel.

Nous prenons l'institution à ses débuts et nous la suivons jusqu'à l'inventaire de fin d'année et à la réouverture des comptes, en la faisant fonctionner d'abord sans avance de la caisse régionale pour fonds de roulement, puis avec une avance.

Les écritures d'inventaire qui font l'objet d'explications spéciales données plus loin (page 38) sont, comme on le verra, des plus simples et n'arrêteront aucune bonne volonté. Dans le cas où une caisse déjà en exercice voudrait adopter notre méthode de comptabilité, il suffirait d'établir un bilan détaillé, comme celui que l'on trouvera à la page 26, puis d'en répartir les chiffres entre les comptes intéressés, comme nous l'avons fait à la réouverture des comptes après l'inventaire (voir page 28).

Tout en nous efforçant d'être aussi complet que possible et d'arriver au résultat final désiré, nous nous sommes appliqué à éviter les répétitions qui ne présenteraient pas d'intérêt.

III

MODÈLE DE JOURNAL-GRAND-LIVRE

DÉTAIL DES OPÉRATIONS

NUMÉROS D'ORDRE	Date	DÉTAIL DES OPÉRATIONS		NUMÉROS DES EFFETS REÇUS	CAPITAL		SOUSCRIPTEURS		CAISSE	
					DÉBIT	CRÉDIT	DÉBIT	CRÉDIT	DÉBIT	CRÉDIT
					Valeur des parts reprises.	Valeur des parts souscrites.	Valeur des parts qu'ils ont souscrites ou qui leur ont été remboursées.	Montant de leurs versements et des parts qu'ils ont rendues.	Recettes.	Dépenses.
					fr. c.	fr. c.	fr. c.	fr. c.	fr. c.	fr. c.
	1906.	Montant des parts souscrites par :								
1	15 juin.	Le Syndicat communal de Clamart, 20 parts..... 200 00 La laiterie coopérative, 10 parts .... 200 00 La Société d'assurances mutuelles, 5 parts...... 100 00 MM. Kirch, 5 parts........................... 100 00 Thomas, 5 parts........................... 100 00 Frémont, 5 parts........................... 100 00 De Magnières, 5 parts..................... 100 00 Bonnange, 3 parts........................ 60 00 Châlons, 3 parts.......................... 60 00 Lecomte, 1 part.......................... 20 00 Adrien, 1 part........................... 20 00 20 autres agriculteurs [qu'il faudrait indiquer comme ci-dessus], 47 part............. 940 00	2,000 00		»	2,000 00	2,000 00	»	»	»
2	25 juin.	Reçu à titre de versement sur parts sociales : du syndicat, de la Laiterie coopérative, de la Société d'assurances mutuelles, de MM. Kirch, Châlons, Lecomte et Adrien, le montant intégral de leurs souscriptions .... 700 00 Des autres sociétaires, un quart de leurs souscriptions.. 325 00	1,025 00		»	»	»	1,025 00	1,025 00	»
3	Idem.	Envoyé à la caisse régionale de..... pour souscription de 11 parts dont 10 entièrement libérées et 1 libérée du quart	1,025 00		»	»	»	»	»	1,025 00
4	12 juil.	Reçu de Jourdan, à Clamart son billet au 15 octobre.............................	300 00	1	»	»	»	»	»	»
	Idem.	Envoyé à la caisse régionale, pour réescompte, le billet n° 1...	300 00		»	»	»	»	»	»
6	13 juil.	Reçu de la caisse régionale, en espèces, produit net de notre bordereau.............................	297 50		»	»	»	»	297 50	»
7	Idem.	Retenu par la caisse régionale : pour escompte........................... 2f 15c Pour frais 0 35	2 50		»	»	»	»	»	»
8	Idem.	Versé à Jourdan en espèces.............................	296 75		»	»	»	»	»	296 75
		Retenu par nous, pour intérêt et frais...	3 25		»	»	»	»	»	»
		A reporter...........................	5,250 00		»	2,000 00	2,000 00	1,025 00	1,322 50	1,321 75

EFFETS ESCOMPTÉS		EMPRUNTEURS		CAISSE RÉGIONALE		FONDS PLACÉS		DÉPÔTS REÇUS		PERTES ET PROFITS		INTÉRÊTS sur parts, sociales et divers		RÉSERVE	
DÉBIT	CRÉDIT	DÉBIT	CRÉDIT	DÉBIT	CRÉDIT	DÉBIT	CRÉDIT	DÉBIT	CRÉDIT	DÉBIT	CRÉDIT	DÉBIT	CRÉDIT	DÉBIT	CRÉDIT
Valeur des effets escomptés	Valeur des effets sortis réescomptés.	Sommes reçues. Intérêt supporté. Effets échus.	Effets remis. Remboursements versés.	Montant des effets négociés et des remboursements.	Sommes remises par elle et escompte retenu. Effets rendus.	Placement	Retrait.	Remboursement.	Dépôt.	Frais généraux. Escompte payé. Pertes. Répartition des bénéfices.	Intérêts perçus. Profits divers.	Intérêts payés aux souscripteurs, etc.	Intérêts dus aux souscripteurs, etc.	Prélèvement sur la réserve.	Sommes affectées aux réserves
fr. c.	fr. c.	fr. c.	fr. c.	fr. c.	fr. c.	fr. c.	fr. c.	fr. c.	fr. c.	fr. c.	fr. c.	fr. c.	fr. c.	fr. c.	fr. c.
"	"	"	"	"	"	"	"	"	"	"	"	"	"	"	"
"	"	"	"	"	"	"	"	"	"	"	"	"	"	"	"
"	"	"	"	"	"	"	"	"	"	"	"	"	"	"	"
"	"	"	"	"	"	1,025 00 C. R.	"	"	"	"	"	"	"	"	"
300 00	"	"	300 00	"	"	"	"	"	"	"	"	"	"	"	"
"	300 00	"	"	300 00	"	"	"	"	"	"	"	"	"	"	"
"	"	"	"	"	297 50	"	"	"	"	"	"	"	"	"	"
"	"	"	"	"	2 50	"	"	"	"	2 50	"	"	"	"	"
"	"	296 75	"	"	"	"	"	"	"	"	"	"	"	"	"
"	"	3 25	"	"	"	"	"	"	"	"	3 25	"	"	"	"
300 00	300 00	300 00	300 00	300 00	300 00	1,025 00			"	2 50	3 25	"	"	"	"

NUMÉROS D'ORDRE.		DÉTAIL DES OPÉRATIONS.		NUMÉROS DES EFFETS REÇUS.	CAPITAL.		SOUSCRIPTEURS.		CAISSE.	
					DÉBIT.	CRÉDIT.	DÉBIT.	CRÉDIT.	DÉBIT.	CRÉDIT.
					Valeur des parts reprises.	Valeur des parts souscrites.	Valeur des parts qu'ils ont souscrites ou qui leur ont été remboursées.	Montant de leurs versements et des parts qu'ils ont rendues.	Recettes.	Dépenses.
					fr. c.	fr. c.	fr. c.	fr. c.	fr. c.	fr. c.
	1906.	Reports..........................	5,250 00		»	2,000 00	2,000 00	1,025 00	1,322 50	1,321 75
9	25 juil.	Reçu de Adrien son billet au 30 octobre.................. 100f 00e		2						
		Reçu de Barret son billet au 30 octobre.................. 200 00		3						
		Reçu de Durand son billet au 30 octobre.................. 150 00		4						
		Reçu du Syndicat agricole son billet au 30 octobre.................. 800 00		5						
			1,250 00		»		»	»	»	»
10	Idem.	Envoyé à la caisse régionale les 4 effets nos 2 à 5...........	1,250 00	...	»	»	»	»	»	»
11	30 juil.	Reçu de la caisse régionale, en espèces, montant net de notre bordereau du 25 courant.............	1,239 00	...	»	»	»	»	1,239 00	»
12	Idem.	Retenu par la caisse régionale pour Escompte.............................. 9f 50e Frais d'envoi.......................... 1 50	11 00	...	»	»	»	»	»	»
13	Idem.	Remis en espèces : A Adrien..................... 98f 85e A Barret..................... 197 75 A Durand..................... 148 30 Au Syndicat agricole.................. 791 00	1,235 90	...	»	»	»	»	»	1,235 90
14	Idem.	Retenu par nous pour intérêt et frais : A Adrien..................... 1f 15e A Barret..................... 2 25 A Durand..................... 1 70 Au Syndicat..................... 9 00	14 10	...	»	»	»	»	»	»
15	12 août.	Reçu de Morain son billet au 15 novembre.................. 300f 00e		6						
		Reçu de Jallot son billet au 15 novembre.................. 200 00		7						
		Reçu de Lalande son billet au 15 novembre.................. 500 00		8						
			1,000 00		»	»	»	»	»	»
		À reporter....................	11,250 00		»	2,000 00	2,000 00	1,025 00	2,561 50	2,557 65

EFFETS ESCOMPTÉS.		EMPRUNTEURS.		CAISSE RÉGIONALE.		FONDS PLACÉS.		DÉPÔTS REÇUS.		PERTES ET PROFITS.		INTÉRÊTS SUR PARTS, sociales et divers		RÉSERVE.	
DÉBIT.	CRÉDIT.	DÉBIT.	CRÉDIT.	DÉBIT.	CRÉDIT.	DÉBIT.	CRÉDIT.	DÉBIT.	CRÉDIT.	DÉBIT.	CRÉDIT.	DÉBIT.	CRÉDIT.	DÉBIT.	CRÉDIT.
Valeur des effets escomptés	Valeur des effets sortis réescomptés.	Sommes reçues. Intérêt supporté. Effets échus.	Effets remis. Remboursements versés.	Montant des effets négociés et des remboursements.	Sommes remises par elle et escompte retenu. Effets rendus.	Placement	Retrait.	Remboursement.	Dépôt.	Frais généraux. Escompte payé. Pertes. Répartition des bénéfices.	Intérêts perçus. Profits divers.	Intérêts payés aux souscripteurs, etc.	Intérêts dus aux souscripteurs, etc.	Prélèvement sur la réserve.	Sommes affectées aux réserve.
fr. c.	fr. c.	fr. c.	fr. c.	fr. c.	fr. c.	fr. c.	fr. c.	fr. c.	fr. c.	fr. c.	fr. c.	fr. c.	fr. c.	fr. c.	fr. c.
300 00	300 00	300 00	300 00	300 00	300 00	1,025 00	"	"	"	2 50	3 25	"	"	"	"
1,250 00	"	"	1,250 00	"	"	"	"	"	"	"	"	"	"	"	"
"	1,250 00	"	"	1,250 00	"	"	"	"	"	"	"	"	"	"	"
"	"	"	"	"	1,239 00	"	"	"	"	"	"	"	"	"	"
"	"	"	"	"	11 00	"	"	"	"	11 00	"	"	"	"	"
"	"	1,235 90	"	"	"	"	"	"	"	"	"	"	"	"	"
"	"	14 10	"	"	"	"	"	"	"	"	14 10	"	"	"	"
1,000 00	"	"	1,000 00	"	"	"	"	"	"	"	"	"	"	"	"
2,550 00	1,550 00	1,550 00	2,550 00	1,550 00	1,550 00	1,025 00	"	"	"	13 50	17 35	"	"	"	"

3

NUMÉROS D'ORDRE.		DÉTAIL DES OPÉRATIONS.		NUMÉROS DES EFFETS REÇUS.	CAPITAL.		SOUSCRIPTEURS.		CAISSE.	
					DÉBIT. Valeur des parts reprises.	CRÉDIT. Valeur des parts souscrites.	DÉBIT. Valeur des parts qu'ils ont souscrites ou qui leur ont été remboursées.	CRÉDIT. Montant de leurs versements et des parts qu'ils ont rendues.	DÉBIT. Recettes.	CRÉDIT. Dépenses.
					fr. c.	fr. c.	fr. c.	fr. c.	fr. c.	fr. c.
	1906	Report....................	11,250 00		»	2,000 00	2,000 00	1,025 00	2,561 50	2,557 05
16	12 aout.	Envoyé à la caisse régionale les 3 effets nᵒˢ 6 à 8..........	1,000 00	...	»	»	»	»	»	»
17	14 soût.	Reçu en espèces de la caisse régionale : Montant net de notre bordereau du 12 courant............	991 30	...	»	»	»	»	991 30	»
18	Idem.	Retenue par la caisse régionale pour : Escompte .... 7^f 65^c Frais d'envoi 1 05	8 70	...	»	»	»	»	»	»
19	Idem.	Remis en espèces : A Morain .... 296^f 65^c à Jallot .... 197 75 à Lalande 494 40	988 80	...	»	»	»	»	»	988 80
20	Idem.	Retenu par nous, pour intérêt et frais : A Morain .... 3^f 35^c A Jallot .... 2 25 A Lalande 5 60	11 20	...	»	»	»	»	»	»
21	30 août.	Payé pour achat : De timbres-poste .... 1^f 00^c De papeterie 3 00	4 00	...	»	»	»	»	»	4 00
22	5 sept.	Montant des parts souscrites par : MM. Marthe, 1 part .... 200^f 00^c Basset, 1 part .... 20 00 Mutton, 1 part .... 20 00 Sauget, 1 part .... 20 00 Delange, 1 part 20 00	100 00	...	»	100 00	100 00	»	»	»
23	Idem.	Reçu des souscripteurs susindiqués le montant intégral de leurs souscriptions.................	100 00	...	»	»	»	100 00	100 00	»
24	Idem.	Envoyé à la caisse régionale pour souscription d'une nouvelle part entièrement libérée.................	100 00	...	»	»	»	»	»	100 00
25	11 sept.	Reçu de Denis son billet au 15 décembre................. 200^f 00^c		9						
		Reçu de Julien son billet au 15 décembre................. 150 00		10						
		Reçu de Robert son billet au 15 décembre................. 50 00		11						
		Reçu de Caron son billet au 15 décembre................. 100 00	500 00	12	»	»	»	»	»	»
		À reporter.................	15,054 00		»	2,100 00	2,100 00	1,125 00	3,652 80	3,650 45

EFFETS ESCOMPTÉS		EMPRUNTEURS		CAISSE RÉGIONALE		FONDS PLACÉS		DÉPÔTS REÇUS		PERTES ET PROFITS		INTÉRÊTS sur parts sociales et divers		RÉSERVE	
DÉBIT.	CRÉDIT.	DÉBIT.	CRÉDIT.	DÉBIT.	CRÉDIT.	DÉBIT.	CRÉDIT.	DÉBIT.	CRÉDIT.	DÉBIT.	CRÉDIT.	DÉBIT.	CRÉDIT.	DÉBIT.	CRÉDIT.
Valeur des effets escomptés	Valeur des effets sortis rées-comptés.	Sommes reçues. Intérêt supporté. Effets échus.	Effets remis. Remboursements versés.	Montant des effets négociés et des remboursements.	Sommes remises par elle et escompte retenu. Effets rendus.	Placement	Retrait.	Rembour-sement.	Dépôt.	Frais généraux. Escompte payé. Pertes. Répartition des bénéfices.	Intérêts perçus. Profits divers.	Intérêts payés aux sous-crip-teurs, etc.	Intérêts dus aux sous-crip-teurs, etc.	Prélè-vement sur la réserve.	Sommes affec-tées aux réserves
fr. c.	fr. c.	fr. c.	fr. c.	fr. c.	fr. c.	fr. c.	fr. c.	fr. c.	fr. c.	fr. c.	fr. c.	fr. c.	fr. c.	fr. c.	fr. c.
2,550 00	1,550 00	1,550 00	2,550 00	1,550 00	1,550 00	1,025 00	»	»	»	13 50	17 35	»	»	»	»
»	1,000 00	»	»	1,000 00	»	»	»	»	»	»	»	»	»	»	»
»	»	»	»	»	991 30	»	»	»	»	»	»	»	»	»	»
»	»	»	»	»	8 70	»	»	»	»	8 70	»	»	»	»	»
»	»	988 80	»	»	»	»	»	»	»	»	»	»	»	»	»
»	»	11 20	»	»	»	»	»	»	»	»	11 20	»	»	»	»
»	»	»	»	»	»	»	»	»	»	4 00	»	»	»	»	»
»	»	»	»	»	»	»	»	»	»	»	»	»	»	»	»
»	»	»	»	»	»	»	»	»	»	»	»	»	»	»	»
»	»	»	»	»	»	100 00 C.R.	»	»	»	»	»	»	»	»	»
500 00	»	»	500 00	»	»	»	»	»	»	»	»	»	»	»	»
3,050 00	2,550 00	2,550 00	3,050 00	2,550 00	2,550 00	1,125 00	»	»	»	26 20	28 55	»	»	»	»

3.

NUMÉROS D'ORDRE.		DÉTAIL DES OPÉRATIONS.			NUMÉROS DES EFFETS REÇUS.	CAPITAL.		SOUSCRIPTEURS.		CAISSE.	
						DÉBIT.	CRÉDIT.	DÉBIT.	CRÉDIT.	DÉBIT.	CRÉDIT.
						Valeur des parts reprises.	Valeur des part sonscrites.	Valeur des parts qu'ils ont sonscrites ou qui leur ont été remboursées.	Montant de leurs versements et des parts qu'ils ont rendues.	Recettes.	Dépenses.
						fr. c.	fr. c.	fr. c.	fr. c.	fr. c.	fr. c.
	1906	Report.............		15,034 00		"	2,100 00	2,100 00	1,125 00	3,652 80	3,650 45
26	11 sept.	Envoyé à la caisse régionale pour réescompte les 4 billets nos 9 à 12..............		500 00		"	"	"	"	"	"
27	15 sept.	Reçu de la caisse régionale en espèces..............		495 45		"	"	"	"	495 45	"
28	Idem.	Retenu par la caisse régionale : Pour escompte, 3f 80c ; Frais d'envoi, 0 75		4 55		"	"	"	"	"	"
29	Idem.	Versé en espèces : A Denis, 197f 65c ; A Julien, 148 30 ; A Robert, 49 40 ; A Caron, 98 85		494 20		"	"	"	"	"	494 20
30	Idem.	Retenu par nous pour intérêt et frais : A Denis, 2f 35c ; à Julien, 1 70 ; A Robert, 0 60 ; A Caron, 1 15		5 80		"	"	"	"	"	"
31	25 sept.	Escompté à Kirch une traite au 30 décembre sur Luce et Cie, à Paris........		1,200 00	13	"	"	"	"	"	"
32	Idem.	Envoyé à la caisse régionale pour réescompte la traite n° 13...............		1,200 00		"	"	"	"	"	"
33	30 sept.	Reçu de la caisse régionale en espèces...............		1,190 00		"	"	"	"	1,190 00	"
		Retenu par la caisse régionale pour : Escompte, 9f 00c ; Frais, 1 00		10 00		"	"	"	"	"	"
34	Idem.	Versé à Kirch en espèces.............		1,187 00		"	"	"	"	"	1,187 00
		Retenu par nous, pour escompte et frais.............		13 00		"	"	"	"	"	"
35	12 oct.	Reçu de Jourdan, en espèces		21,354 00		"	2,100 00	2,100 00	1,125 00	5,338 25	5,331 65
		pour payement de son billet n° 1...............		300 00		"	"	"	"	300 00	"
		A reporter.............		21,654 00		"	2,100 00	2,100 00	1,125 00	5,638 25	5,331 65

EFFETS ESCOMPTÉS.		EMPRUNTEURS.		CAISSE RÉGIONALE.		FONDS PLACÉS.		DÉPÔTS REÇUS.		PERTES ET PROFITS.		INTÉRÊTS SUR PARTS, sociales et divers		RÉSERVE.	
DÉBIT.	CRÉDIT.	DÉBIT.	CRÉDIT.	DÉBIT.	CRÉDIT.	DÉBIT.	CRÉDIT.	DÉBIT.	CRÉDIT.	DÉBIT.	CRÉDIT.	DÉBIT.	CRÉDIT.	DÉBIT.	CRÉDIT.
Valeur des effets escomptés	Valeur des effets sortis réescomptés.	Sommes reçues. Intérêt supporté. Effets échus.	Effets remis. Remboursements versés.	Montant des effets négociés et des remboursements.	Sommes remises par elle et escompte retenu. Effets rendus	Placement	Retrait.	Remboursement.	Dépôt.	Frais généraux. Escompte payé. Pertes. Répartition des bénéfices.	Intérêts perçus. Profits divers.	Intérêts payés aux souscripteurs; &	Intérêts dus aux souscripteurs.	Prélèvement sur la réserve.	Sommes affectées aux réserves
fr. c.	fr. c.	fr. c.	fr. c.	fr. c.	fr. c.	fr. c.	fr. c.	fr. c.	fr. c.	fr. c.	fr. c.	fr. c.	fr. c.	fr. c.	fr. c.
3,050 00	2,550 00	2,550 00	3,050 00	2,550 00	2,550 00	1,125 00	"	"	"	26 20	28 55	"	"	"	"
"	500 00	"	"	500 00	"	"	"	"	"	"	"	"	"	"	"
"	"	"	"	"	495 45	"	"	"	"	"	"	"	"	"	"
"	"	"	"	"	4 55	"	"	"	"	4 55	"	"	"	"	"
"	"	494 20	"	"	"	"	"	"	"	"	"	"	"	"	"
"	"	5 80	"	"	"	"	"	"	"	"	5 80	"	"	"	"
1,200 00	"	"	1,200 00	"	"	"	"	"	"	"	"	"	"	"	"
"	1,200 00	"	"	1,200 00	"	"	"	"	"	"	"	"	"	"	"
"	"	"	"	"	1,190 00	"	"	"	"	"	"	"	"	"	"
"	"	"	"	"	10 00	"	"	"	"	10 00	"	"	"	"	"
"	"	1,187 00	"	"	"	"	"	"	"	"	"	"	"	"	"
"	"	13 00	"	"	"	"	"	"	"	"	13 00	"	"	"	"
4,250 00	4,250 00	4,250 00	4,250 00	4,250 00	4,250 00	1,125 00	"	"	"	40 75	47 35	"	"	"	"
"	"	"	300 00	"	"	"	"	"	"	"	"	"	"	"	"
4,250 00	4,250 00	4,250 00	4,550 00	4,250 00	4,250 00	1,125 00	"	"	"	40 75	47 35	"	"	"	"

NUMÉROS D'ORDRE.		DÉTAIL DES OPÉRATIONS.		NUMÉROS DES EFFETS REÇUS.	CAPITAL. DÉBIT. (Valeur des parts reprises.)	CAPITAL. CRÉDIT. (Valeur des parts souscrites.)	SOUSCRIPTEURS. DÉBIT. (Valeur des parts qu'ils ont souscrites ou qui leur ont été remboursées.)	SOUSCRIPTEURS. CRÉDIT. (Montant de leurs versements et des parts qu'ils ont rendues.)	CAISSE. DÉBIT. (Recettes.)	CAISSE. CRÉDIT. (Dépenses.)
					fr. c.	fr. c.	fr. c.	fr. c.	fr. c.	fr. c.
	1906	Reports	21,654 00		·	2,100 00	2,100 00	1,125 00	5,638 25	5,331 65
36	12 oct.	Envoyé à la caisse régionale pour payement du billet n° 1	300 00	...	»	»	»	»	»	300 00
37	16 oct.	Reçu de la caisse régionale et remis à Jourdan son billet échu	300 00	...	»	»	»	»	»	»
38	26 oct.	Reçu de Adrien en espèces : Pour acompte sur son billet n° 2 ... 50f 00c ; Son billet en renouvellement au 30 janvier ... 50 00	100 00	14 R.	»	»	»	»	50 00	»
39	Idem.	Reçu des suivants, en espèces : Barret, pour payement de son billet n° 3 ... 200f 00c ; Durand, pour payement de son billet n° 4 ... 150 00	350 00	...	»	»	»	»	350 00	»
40	Idem.	Reçu du Syndicat pour règlement de son billet n° 5 : Acompte en espèces ... 300f 00c ; Son billet renouvelé au 30 janvier ... 500 00	800 00	15 R.	»	»	»	»	300 00	»
41	Idem.	Reçu en espèces de : Adrien, pour intérêt et frais ... 0f 65c ; Du Syndicat, pour intérêt et frais ... 5 30 ; Barret, pour frais ... 0 20 ; Durand, pour frais ... 0 15	6 30	...	»	»	»	»	6 30	»
42	Idem.	Envoyé à la caisse régionale : En espèces pour solde des effets nos 3 et 4 ... 350f 00c ; Acompte sur le n° 2 ... 50 00 ; Acompte sur le n° 5 ... 300 00	700 00	...	»	»	»	»	»	700 00
		2 billets nos 14 et 15 en renouvellement partiel des nos 2 à 5	550 00	...	»	»	»	»	»	»
43	Idem.	Payé : Pour réescompte des deux billets nos 14-15 ... 4f 15c ; Pour frais de poste ... 0 75	4 90	...	»	»	»	»	»	4 90
44	3 nov.	Reçu de la caisse régionale à titre d'avance pour fonds de roulement au taux de 2 p. o/o et remis en couverture notre billet au 1er juillet 1907	1,000 00	...	»	»	»	»	1,000 00	»
		A reporter	25,765 20		·	2,108 00	2,100 00	1,125 00	7,344 55	6,336 55

EFFETS ESCOMPTÉS		EMPRUNTEURS		CAISSE RÉGIONALE		FONDS PLACÉS		DÉPÔTS REÇUS		PERTES ET PROFITS		INTÉRÊTS SUR PARTS, sociales et divers		RÉSERVE	
DÉBIT.	CRÉDIT.	DÉBIT.	CRÉDIT.	DÉBIT.	CRÉDIT.	DÉBIT.	CRÉDIT.	DÉBIT.	CRÉDIT.	DÉBIT.	CRÉDIT.	DÉBIT.	CRÉDIT.	DÉBIT.	CRÉDIT.
Valeur des effets escomptés	Valeur des effets sortis réescomptés.	Sommes reçues. Intérêt supporté. Effets échus.	Effets remis. Remboursements versés.	Montant des effets négociés et des remboursements.	Sommes remises par elle et escompte retenu. Effets rendus.	Placement	Retrait.	Remboursement.	Dépôt.	Frais généraux. Escompte payé. Pertes. Répartition des bénéfices.	Intérêts perçus. Profits divers.	Intérêts payés aux souscripteurs, etc.	Intérêts dus aux souscripteurs, etc.	Prélèvement sur la réserve.	Sommes affectées aux réserves
fr. c.	fr. c.	fr. c.	fr. c.	fr. c.	fr. c.	fr. c.	fr. c.	fr. c.	fr. c.	fr. c.	fr. c.	fr. c.	fr. c.	fr. c.	fr. c.
4,250 00	4,250 00	4,250 00	4,550 00	4,250 00	4,250 00	1,125 00	"	"	"	40 75	47 35	"	"	"	"
"	"	"	"	300 00	"	"	"	"	"	"	"	"	"	"	"
"	"	300 00	"	"	300 00	"	"	"	"	"	"	"	"	"	"
50 00	"	"	100 00	"	"	"	"	"	"	"	"	"	"	"	"
"	"	"	350 00	"	"	"	"	"	"	"	"	"	"	"	"
500 00	"	"	800 00	"	"	"	"	"	"	"	"	"	"	"	"
"	"	"	"	"	"	"	"	"	"	"	6 30	"	"	"	"
"	"	"	"	700 00	"	"	"	"	"	"	"	"	"	"	"
"	550 00	"	"	550 00	"	"	"	"	"	"	"	"	"	"	"
"	"	"	"	"	"	"	"	"	"	"	4 90	"	"	"	"
"	"	"	"	"	"	"	"	"	C.R. 1,000 00	"	"	"	"	"	"
4,800 00	4,800 00	1,550 00	5,800 00	5,800 00	4,550 00	1,125 00	"	"	1,000 00	45 65	53 65	"	"	"	"

NUMÉROS D'ORDRE.		DÉTAIL DES OPÉRATIONS.		NUMÉROS DES EFFETS REÇUS.	CAPITAL.		SOUSCRIPTEURS.		CAISSE.	
					DÉBIT. Valeur des parts reprises.	CRÉDIT. Valeur des parts souscrites.	DÉBIT. Valeur des parts qu'ils ont souscrites ou qui leur ont été remboursées.	CRÉDIT. Montant de leurs versements et des parts qu'ils ont rendues.	DÉBIT. Recettes.	CRÉDIT. Dépenses.
					fr. c.	fr. c.	fr. c.	fr. c.	fr. c.	fr. c.
	1906	Report........................	25,705 20		"	2,100 00	2,100 00	1,125 00	7,344 55	6,336 55
45	3 nov.	Reçu de la caisse régionale et rendu aux intéressés les billets n°s 2 à 5 échus : Adrien.......... 100f00c Barret.......... 200 00 Durand.......... 150 00 Syndicat agricole.......... 800 00	1,250 00		"	"	"	"	"	"
46	5 nov.	Reçu de Mura. son billet au 15 février.......... 300f00c Reçu de Simon son billet au 15 février.......... 250 00 Reçu de Niquet son billet au 15 février.......... 400 00 Reçu de Lacaze son billet au 15 février.......... 50 00	1,000 00	16 17 18 19	"	"	"	"	"	"
47	Idem.	Versé aux suivants en espèces : A Mura.......... 296f40c à Simon.......... 247 10 A Niquet.......... 395 40 A Lacaze.......... 49 35	988 25	...	"	"	"	"	"	988 25
48	Idem.	Retenu par nous pour intérêt et frais : à Mura.......... 3f60c à Simon.......... 2 90 à Niquet.......... 4 60 à Lacaze.......... 0 65	11 75	...	"	"	"	"	"	"
49	12 nov.	Reçu de la Laiterie coopérative en dépôt à 5 jours de vue, à 1 1/2 p. o/o..........	500 00	...	"	"	"	"	500 00	"
50	Idem.	Placé à la caisse d'épargne..........	500 00	...	"	"	"	"	"	500 00
51	Idem.	Reçu en espèces des suivants : Morain, pour solde de son billet n° 6.......... 300f00c Jallot, pour solde de son billet n° 7.......... 200 00	500 00	...	"	"	"	"	500 00	"
		A reporter........................	30,515 20		"	2,100 00	2,100 00	1,125 00	8,344 55	7,824 80

EFFETS ESCOMPTÉS.		EMPRUNTEURS.		CAISSE RÉGIONALE.		FONDS PLACÉS.		DÉPÔTS REÇUS.		PERTES ET PROFITS.		INTÉRÊTS sur parts sociales et divers		RÉSERVE.	
DÉBIT.	CRÉDIT.	DÉBIT.	CRÉDIT.	DÉBIT.	CRÉDIT.	DÉBIT.	CRÉDIT.	DÉBIT.	CRÉDIT.	DÉBIT.	CRÉDIT.	DÉBIT.	CRÉDIT.	DÉBIT.	CRÉDIT.
Valeur des effets escomptés	Valeur des effets sortis réescomptés.	Sommes reçues. Intérêt supporté. Effets échus.	Effets remis. Remboursements versés.	Montant des effets négociés et des remboursements.	Sommes remises par elle et escompte retenu Effet rendus.	Placement	Retrait.	Remboursement.	Dépôt.	Frais généraux. Escompte payé. Pertes. Répartition des bénéfices.	Intérêts perçus. Profits divers.	Intérêts payés aux souscripteurs, etc.	Intérêts dus aux souscripteurs, etc.	Prélèvement sur la réserve.	Sommes affectées aux réserves
fr. c.	fr. c.	fr. c.	fr. c.	fr. c.	fr. c.	fr. c.	fr. c.	fr. c.	fr. c.	fr. c.	fr. c.	fr. c.	fr. c.	fr. c.	fr. c.
4,800 00	4,800 00	4,550 00	5,800 00	5,800 00	4,550 00	1,125 00	»	»	1,000 00	45 65	53 65	»	»	»	»
»	»	1,250 00	»	»	1,250 00	»	»	»	»	»	»	»	»	»	»
1,000 00	»	»	1,000 00	»	»	»	»	»	»	»	»	»	»	»	»
»	»	988 25	»	»	»	»	»	»	»	»	»	»	»	»	»
»	»	11 75	»	»	»	»	»	»	»	»	11 75	»	»	»	»
»	»	»	»	»	»	»	»	»	L. C. 500 00	»	»	»	»	»	»
»	»	»	»	»	»	500 00	»	»	»	»	»	»	»	»	»
»	»	»	500 00	»	»	»	»	»	»	»	»	»	»	»	»
5,800 00	4,800 00	6,800 00	7,300 00	5,800 00	5,800 00	1,025 00	»		1,500 00	45 65	65 40	»	»	»	»

NUMÉROS D'ORDRE		DÉTAIL DES OPÉRATIONS.		NUMÉROS DES EFFETS REÇUS.	CAPITAL. DÉBIT. Valeur des parts reprises.	CAPITAL. CRÉDIT. Valeur des parts souscrites.	SOUSCRIPTEURS. DÉBIT. Valeur des parts qu'ils ont souscrites ou qui leur ont été remboursées.	SOUSCRIPTEURS. CRÉDIT. Montant de leurs versements et des parts qu'ils ont rendues.	CAISSE. DÉBIT. Recettes.	CAISSE. CRÉDIT. Dépenses.
	1906.				fr. c.	fr. c.	fr. c.	fr. c.	fr. c.	fr. c.
		Report............	30,515 20	...	»	2,100 00	2,100 00	1,125 00	8,344 55	7,824 80
51 bis	12 nov.	Reçu de Lalande pour règlement de son billet n° 8 :								
		Acompte en espèces..................... 200f 00c		R.	»	»	»	»	200 00	»
		Son billet en renouvellement au 15 février 1907.. 300 00		20	»	»	»	»	»	»
			500 00							
52	12 nov.	Reçu pour frais :								
		De Morain......................... 0f 10c								
		De Jallot.......................... 0 10								
		De Lalande, pour frais et intérêt........ 3 10								
			3 30		»	»	»	»	3 30	»
53	Idem.	Reçu de Frémont								
		Son billet au 15 février 1907............ 300f 00c		21						
		Reçu de Thomas								
		son billet au 15 février 1907............ 200 00		22						
			500 00		»	»	»	»	»	»
54	Idem.	Remis en espèces :								
		A Frémont......................... 296f 90c								
		A Thomas.......................... 197 90								
			494 80	...	»	»	»	»	»	494 80
55	Idem.	Retenu pour intérêt et frais :								
		A Thomas.......................... 2f 10c								
		A Frémont......................... 3 10								
			5 20	...	»	»	»	»	»	»
56	Idem.	Envoyé à la caisse régionale :								
		2 billets n°s 21 et 22................... 500f 00c								
		pour solde des effets n°s 6 et 7 de même somme.								
		1 billet n° 20 en renouvellement de l'effet n° 8.. 300 00								
			800 00							
		en espèces, pour règlement de ce dernier effet... 200 00			»	»	»	»	»	200 00
			1,000 00	...	»	»	»	»	»	»
	Idem.	Payé pour :								
		Escompte des billets n°s 20, 21 et 22......... 6f 00c								
		Frais de poste........................ 0 75								
			6 75	...	»	»	»	»	»	6 75
		A reporter................	33,025 25		»	2,100 00	2,100 00	1,125 00	8,547 85	6,526 35

EFFETS ESCOMPTÉS.		EMPRUNTEURS.		CAISSE RÉGIONALE.		FONDS PLACÉS.		DÉPÔTS REÇUS.		PERTES ET PROFITS.		INTÉRÊTS SUR PARTS, sociales et divers		RÉSERVE.	
DÉBIT.	CRÉDIT.	DÉBIT.	CRÉDIT.	DÉBIT.	CRÉDIT.	DÉBIT.	CRÉDIT.	DÉBIT.	CRÉDIT.	DÉBIT.	CRÉDIT.	DÉBIT.	CRÉDIT.	DÉBIT.	CRÉDIT.
Valeur des effets escomptés	Valeur des effets sortis réescomptés	Sommes reçues. Intérêt supporté Effets échus.	Effets remis. Remboursements versés.	Montant des effets négociés et des remboursements.	Sommes remises par elle et escompte retenu. Effet rendus.	Placement	Retrait.	Remboursement.	Dépôt.	Frais généraux. Escompte payé. Pertes. Répartition des bénéfices.	Intérêts perçus. Profits divers.	Intérêts payés aux souscripteurs, etc.	Intérêts dus aux souscripteurs, etc.	Prélèvement sur la réserve.	Sommes affectées aux réserves
fr. c.	fr. c.	fr. c.	fr. c.	fr. c.	fr. c.	fr. c.	fr. c.	fr. c.	fr. c.	fr. c.	fr. c.	fr. c.	fr. c.	fr. c.	fr. c.
5,800 00	4,800 00	6,800 00	7,300 00	5,800 00	5,800 00	1,025 00	"	"	1,500 00	45 65	65 40	"	"	"	"
300 00	"	"	500 00	"	"	"	"	"	"	"	"	"	"	"	"
"	"	"	"	"	"	"	"	"	"	"	3 30	"	"	"	"
500 00	"	"	500 00	"	"	"	"	"	"	"	"	"	"	"	"
"	"	494 80	"	"	"	"	"	"	"	"	"	"	"	"	"
"	"	5 20	"	"	"	"	"	"	"	"	5 20	"	"	"	"
"	800 00	"	"	"	"	"	"	"	"	"	"	"	"	"	"
"	"	"	"	1,000 00	"	"	"	"	"	"	"	"	"	"	"
"	"	"	"	"	"	"	"	"	"	6 75	"	"	"	"	"
6,600 00	5,600 00	7,300 00	8,300 00	6,800 00	5,800 00	1,625 00	"	"	1,500 00	52 40	73 90	"	"	"	"

4.

NUMÉROS D'ORDRE		DÉTAIL DES OPÉRATIONS.		NUMÉROS DES EFFETS REÇUS.	CAPITAL.		SOUSCRIPTEURS.		CAISSE.	
					DÉBIT.	CRÉDIT.	DÉBIT.	CRÉDIT.	DÉBIT.	CRÉDIT.
					Valeur des parts reprises.	Valeur des parts souscrites.	Valeur des parts qu'ils ont souscrites ou qui leur ont été remboursées.	Montant de leurs versements et des parts qu'ils ont rendues.	Recettes.	Dépenses.
					fr. c.	fr. c.	fr. c.	fr. c.	fr. c.	fr. c.
	1906	Report............................	33,025 25	...	»	2,100 00	2,100 00	1,125 00	8,547 85	8,526 35
58	16 nov.	Reçu de la caisse régionale et remis aux intéressés les billets échus : N° 6, Morain.................... 300 00 N° 7, Jallot.................... 200 00 N° 8, Lalande.................... 500 00	1,000 00	...	»	»	»	»	»	»
59	12 déc.	Reçu en espèces pour payement de billets à échéance du 15 décembre : De Denis, n° 9.................... 200 00 De Julien, n° 10.................... 150 00 De Robert, n° 11.................... 50 00 De Caron, n° 12.................... 100 00	500 00	...	»	»	»	»	500 00	»
60	Idem.	Reçu pour frais d'envoi des sommes ci-dessus...............	0 45	...	»	»	»	»	0 45	»
61	Idem.	Envoyé en espèces à la caisse régionale pour payement des billets n°s 9 à 12...............	500 00	...	»	»	»	»	»	500 00
62	Idem.	Payé pour frais d'envoi...............	0 45	...	»	»	»	»	»	0 45
63	16 déc.	Reçu de la caisse régionale et remis aux intéressés les effets n°s 9 à 12...............	500 00	...	»	»	»	»	»	»
64	20 déc.	Retiré de la caisse d'épargne...............	400 00	...	»	»	»	»	400 00	»
65	Idem.	Payé pour le compte de la Laiterie coopérative une traite P.... et Cie...............	400 00	...	»	»	»	»	»	400 00
			36,326 15	...	»	2,100 00	2,100 00	1,125 00	9,448 30	9,426 80
66	31 déc.	Intérêt dû aux parts sociales à 3 p. o/o...............	16 25	...	»	»	»	»	»	»
67	Idem.	Intérêt dû à la caisse régionale pour son avance...............	3 35	...	»	»	»	»	»	»
68	Idem.	Intérêt dû au dépôt reçu...............	0 75	...	»	»	»	»	»	»
69	Idem.	Intérêt des parts de la caisse régionale...............	19 00	...	»	»	»	»	»	»
70	Idem.	Intérêt des fonds placés à la caisse d'épargne...............	1 15	...	»	»	»	»	»	»
			36,366 65	...	»	2,100 00	2,100 00	1,125 00	9,448 30	9,426 80
					»	»	1,125 00	»	9,426 80	»
		Soldes débiteurs des comptes...............			»	»	975 00	»	21 50	»
		Soldes créditeurs des comptes...............	238 30		»	2,100 00	»	»	»	»

EFFETS ESCOMPTÉS		EMPRUNTEURS		CAISSE RÉGIONALE		FONDS PLACÉS		DÉPÔTS REÇUS		PERTES ET PROFITS		INTÉRÊTS SUR PARTS, sociales et divers		RÉSERVE	
DÉBIT.	CRÉDIT.	DÉBIT.	CRÉDIT.	DÉBIT.	CRÉDIT.	DÉBIT.	CRÉDIT.	DÉBIT.	CRÉDIT.	DÉBIT.	CRÉDIT.	DÉBIT.	CRÉDIT.	DÉBIT.	CRÉDIT.
Valeur des effets escomptés	Valeur des effets sortis réescomptés.	Sommes reçues. Intérêt supporté. Effets échus.	Effets remis. Remboursements versés.	Montant des effets négociés et des remboursements.	Sommes remises par elle et escompte retenu. Effets rendus.	Placement	Retrait.	Remboursement.	Dépôt.	Frais généraux. Escompte payé. Pertes. Répartition des bénéfices.	Intérêts perçus. Profits divers.	Intérêts payés aux souscripteurs, etc.	Intérêts dus aux souscripteurs, etc.	Prélèvement sur la réserve.	Sommes affectées aux réserves.
fr. c.	fr. c.	fr. c.	fr. c.	fr. c.	fr. c.	fr. c.	fr. c.	fr. c.	fr. c.	fr. c.	fr. c.	fr. c.	fr. c.	fr. c.	fr. c.
6,600 00	5,600 00	7,300 00	8,300 00	6,800 00	5,800 00	1,625 00	»	»	1,500 00	52 40	73 90	»	»	»	»
»	»	1,000 00	»	»	1,000 00	»	»	»	»	»	»	»	»	»	»
»	»	»	500 00	»	»	»	»	»	»	»	»	»	»	»	»
»	»	»	»	»	»	»	»	»	»	»	0 45	»	»	»	»
»	»	»	»	500 00	»	»	»	»	»	»	»	»	»	»	»
»	»	»	»	»	»	»	»	»	»	0 45	»	»	»	»	»
»	»	500 00	»	»	500 00	»	»	»	»	»	»	»	»	»	»
»	»	»	»	»	»	»	400 00	»	»	»	»	»	»	»	»
»	»	»	»	»	»	»	»	400 00	»	»	»	»	»	»	»
6,600 00	5,600 00	8,800 00	8,800 00	7,300 00	7,300 00	1,625 00	400 00	400 00	1,500 00	52 85	74 35	»	P. S.	»	»
»	»	»	»	»	»	»	»	»	»	16 25	»	»	16 25	»	»
»	»	»	»	»	3 35	»	»	»	»	3 35	»	»	»	»	»
»	»	»	»	»	»	»	»	»	0 75	0 75	»	»	»	»	»
»	»	»	»	19 00	»	»	»	»	»	»	19 00	»	»	»	»
»	»	»	»	»	»	1 15	»	»	»	»	1 15	»	»	»	»
6,600 00	5,600 00	8,800 00	8,800 00	7,319 00	7,303 35	1,626 15	400 00	400 00	1,500 75	73 20	94 50	»	16 25	»	»
5,600 00	»	»	»	7,303 35	»	400 00	»	»	400 00	»	73 20	»	»	»	»
1,000 00	»	»	»	15 65	»	1,226 15	»	»	»	»	»	»	»	»	»
»	»	»	»	»	»	»	»	»	1,100 75	»	21 30	»	16 25	»	»

NUMÉROS D'ORDRE.	DÉTAIL DES OPÉRATIONS.	NUMÉROS DES EFFETS REÇUS.	CAPITAL.		SOUSCRIPTEURS.		CAISSE.	
			DÉBIT.	CRÉDIT.	DÉBIT.	CRÉDIT.	DÉBIT.	CRÉDIT.
			Valeur des parts reprises.	Valeur des parts souscrites.	Valeur des parts qu'ils ont souscrites ou qui leur ont été remboursées.	Montant de leurs versements et des parts qu'ils ont rendues	Recettes.	Dépenses.
			fr. c.	fr. c.	fr. c.	fr. c.	fr. c.	fr. c.

BILAN AU 31 DÉCEMBRE 1906.

ACTIF.

DÉTAIL DES OPÉRATIONS.		CAPITAL DÉBIT	CAPITAL CRÉDIT	SOUSCR. DÉBIT	SOUSCR. CRÉDIT	CAISSE DÉBIT	CAISSE CRÉDIT
Souscripteurs, solde dû sur leurs souscriptions (solde débiteur du compte)	975 00	"	"	"	"	"	"
Espèces en caisse (solde débiteur du compte)	21 50	"	"	"	"	"	"
Effets en portefeuille :							
Nº 16 sur Mars, au 15 février...... 300ᶠ00ᶜ							
Nº 17 sur Simon, au 15 février...... 250 00							
Nº 18 sur Niquet, au 15 février...... 400 00							
Nº 19 sur Lacaze, au 15 février...... 50 00							
TOTAL ÉGAL au solde débiteur du compte « Effets escomptés »	1,000 00	"	"	"	"	"	"
Caisse régionale, solde débiteur	15 65	"	"	"	"	"	"
Fonds placés :							
A la caisse régionale...... 1.125ᶠ00ᶜ							
A la caisse d'épargne...... 101 15	1,226 15	"	"	"	"	"	"
TOTAL de l'actif	3,238 30	"	"	"	"	"	"

PASSIF.

DÉTAIL DES OPÉRATIONS.		CAPITAL DÉBIT	CAPITAL CRÉDIT	SOUSCR. DÉBIT	SOUSCR. CRÉDIT	CAISSE DÉBIT	CAISSE CRÉDIT
Capital, montant des parts émises...... 2,100ᶠ00ᶜ							
Dépôts reçus :							
Caisse régionale...... 1,000ᶠ00ᶜ							
Laiterie coopérative...... 100 75	1,100 75						
Intérêts dûs aux parts sociales......	16 25						
TOTAL du passif	3,217 00						
Bénéfices nets de l'exercice......	21 30						
	3,238 30	"	"	"	"	"	"

EFFETS ESCOMPTÉS.		EMPRUNTEURS.		CAISSE RÉGIONALE.		FONDS PLACÉS.		DÉPÔTS REÇUS.		PERTES ET PROFITS.		INTÉRÊTS SUR PARTS, sociales et divers		RÉSERVE.	
DÉBIT.	CRÉDIT.	DÉBIT.	CRÉDIT.	DÉBIT.	CRÉDIT.	DÉBIT.	CRÉDIT.	DÉBIT.	CRÉDIT.	DÉBIT.	CRÉDIT.	DÉBIT.	CRÉDIT.	DÉBIT.	CRÉDIT.
Valeur des effets escomptés	Valeur des effets sortis réescomptés	Sommes reçues. Intérêt supporté. Effets échus.	Effets remis. Remboursements versés.	Montant des effets négociés et des remboursements.	Sommes remises par elle et e .compte retenu. Effets rendus.	Placement	Retrait.	Remboursement.	Dépôt.	Frais généraux. Escompte payé. Pertes. Répartition des bénéfices.	Intérêts perçus. Profits divers.	Intérêts payés aux souscripteurs, etc.	Intérêts dus aux souscripteurs, etc.	Prélèvement sur la réserve.	Sommes affectées aux réserves
fr. c.	fr. c.	fr. c.	fr. c.	fr. c.	fr. c.	fr. c.	fr. c.	fr. c.	fr. c.	fr. c.	fr. c.	fr. c.	fr. c.	fr. c.	fr. c.
"	"	"	"	"	"	"	"	"	"	"	"	"	"	"	"
"	"	"	"	"	"	"	"	"	"	"	"	"	"	"	"
"	"	"	"	"	"	"	"	"	"	"	"	"	"	"	"
"	"	"	"	"	"	"	"	"	"	"	"	"	"	"	"
"	"	"	"	"	"	"	"	"	"	"	"	"	"	"	"
"	"	"	"	"	"	"	"	"	"	"	"	"	"	"	"
"	"	"	"	"	"	"	"	"	"	"	"	"	"	"	"

NUMÉROS D'ORDRE.		DÉTAIL DES OPÉRATIONS.		NUMÉROS DES EFFETS REÇUS.	CAPITAL.		SOUSCRIPTEURS.		CAISSE.	
					DÉBIT. Valeur des parts reprises.	CRÉDIT. Valeur des parts souscrites.	DÉBIT. Valeur des parts qu'ils ont souscrites ou qui leur ont été remboursées.	CRÉDIT. Montant de leurs versements et des parts qu'ils ont rendues.	DÉBIT. Recettes.	CRÉDIT. Dépenses.
					fr. c.	fr. c.	fr. c.	fr. c.	fr. c.	fr. c.
71	1907 2 janv.	Report des soldes de l'année 1906....	3,238 30	...	»	2,100 00	975 00	»	21 50	»
72	25 janv.	Reçu en espèces de la caisse régionale pour solde d'intérêts sur parts sociales..................................	15 65	...	»	»	»	»	15 65	»
73	Idem.	Reçu en espèces à titre de ristourne, 1/15e des sommes payées pour escompte................................	2 80	...	»	»	»	»	2 80	»
74	Idem.	Transporté au fond de réserve suivant délibération de l'assemblée générale le solde créditeur de « Pertes et profits »..........	24 10	...	»	»	»	»	»	»
75	Idem.	Payé l'intérêt de leurs parts à : Syndicat de Clamart, sur 10 parts............. 3f 00c Laiterie coopérative de Clamart, sur 10 parts.... 3 00 Assurances mutuelles, sur 5 parts.............. 1 50 Thomas, sur 5 parts..................... 0 35 Frémont, sur 5 parts.................... 0 35 Bonnange, sur 3 parts.................... 0 20 Adrien, sur 1 part...................... 0 30	8 70	...	»	»	»	»	»	8 70
76	Idem.	Reçu du Syndicat agricole pour règlement de son billet n° 15 : En espèces..................... 200f 00c Son billet en renouvellement au 30 avril........ 300 00	500 00	R. 23	»	»	»	»	200 00	»
77	Idem.	Reçu en espèces de Adrien pour solde de son billet n° 14.....	50 00	...	»	»	»	»	50 00	»
78	Idem.	Reçu en espèces : Pour intérêt du billet n° 23.................. 3f 00c Et frais d'envoi de fonds et de renouvellement... 0 70	3 70	...	»	»	»	»	3 70	»
79	Idem.	Envoyé à la caisse régionale : Pour solde du billet n° 14 en espèces.......... 50f 00 Pour solde du billet n° 15 en espèces.......... 200 00 Billet renouvelé n° 23...................... 300 00	550 00	...	»	»	»	»	»	250 00
80	Idem.	Payé pour : Frais d'escompte du billet n° 23............... 2f 25 Frais de poste............................ 0 60	2 85	...	»	»	»	»	»	2 85
»		ter........	4,396 10		»	2,100 00	975 00	»	293 65	261 55

EFFETS ESCOMPTÉS.		EMPRUNTEURS.		CAISSE RÉGIONALE.		FONDS PLACÉS.		DÉPÔTS REÇUS.		PERTES ET PROFITS.		INTÉRÊTS sur parts, sociales et divers		RÉSERVE.	
DÉBIT.	CRÉDIT.	DÉBIT.	CRÉDIT.	DÉBIT.	CRÉDIT.	DÉBIT.	CRÉDIT.	DÉBIT.	CRÉDIT.	DÉBIT.	CRÉDIT.	DÉBIT.	CRÉDIT.	DÉBIT.	CRÉDIT.
Valeur des effets escomptés	Valeur des effets sortis réescomptés.	Sommes reçues. Intérêt supporté. Effets échus.	Effets remis. Remboursements versés.	Montant des effets négociés et des remboursements.	Sommes remises par elle et escompte retenu. Effets rendus.	Placement	Retrait.	Remboursement.	Dépôt.	Frais généraux. Escompte payé. Pertes. Répartition des bénéfices.	Intérêts perçus. Profits divers.	Intérêts payés aux souscripteurs, etc.	Intérêts dus aux souscripteurs, etc.	Prélèvement sur la réserve.	Sommes affectées aux réserves.
fr. c.	fr. c.	fr. c.	fr. c.	fr. c.	fr. c.	fr. c.	fr. c.	fr. c.	fr. c.	fr. c.	fr. c.	fr. c.	fr. c.	fr. c.	fr. c.
1,000 00	"	"	"	15 65	"	1,226 15	"	"	1,100 75	"	21 30	"	16 25	"	"
"	"	"	"	"	15 65	"	"	"	"	"	"	"	"	"	"
"	"	"	"	"	"	"	"	"	"	"	2 80	"	"	"	"
"	"	"	"	"	"	"	"	"	"	24 10	"	"	"	"	24 10
"	"	"	"	"	"	"	"	"	"	"	"	8 70	"	"	"
300 00	"	"	500 00	"	"	"	"	"	"	"	"	"	"	"	"
"	"	"	50 00	"	"	"	"	"	"	"	"	"	"	"	"
"	"	"	"	"	"	"	"	"	"	"	3 70	"	"	"	"
"	300 00	"	"	550 00	"	"	"	"	"	"	"	"	"	"	"
"	"	"	"	"	"	"	"	"	"	2 85	"	"	"	"	"
1,300 00	300 00	"	550 00	565 65	15 65	1,226 15	"	"	1,100 75	26 95	27 80	8 70	16 25	"	24 10

NUMÉROS D'ORDRE		DÉTAIL DES OPÉRATIONS		NUMÉROS DES EFFETS REÇUS	CAPITAL		SOUSCRIPTEURS		CAISSE	
					DÉBIT.	CRÉDIT.	DÉBIT.	CRÉDIT.	DÉBIT.	CRÉDIT.
					Valeur des parts reprises.	Valeur des parts souscrites.	Valeur des parts qu'ils ont souscrites ou qui leur ont été remboursées.	Montant de leurs versements et des parts qu'ils ont rendues.	Recettes.	Dépenses.
	1907.				fr. c.	fr. c.	fr. c.	fr. c.	fr. c.	fr. c.
		Reports...................	4,396 10	...	"	2,100 00	975 00	"	293 65	261 55
81	2 fév.	Reçu de la caisse régionale et rendu aux intéressés les billets échus : Adrien, n° 14.................... 50f 00c Syndicat, n° 15.................... 500 00	550 00	...	"	"	"	"	"	"
82	5 fév.	Repris une part sociale à Lambert....................	20 00	...	20 00	"	"	20 00	"	"
83	Idem	Remboursement à Lambert du versement qu'il avait fait sur sa part....................	5 00	...	"	"	5 00	"	"	5 00
84	10 fév.	Reçu en espèces pour payement de leurs billets : De Murat, n° 16.................... 300f 00c De Simon, n° 17.................... 250 00 De Lacaze, n° 19.................... 50 00	600 00	...	"	"	"	"	600 00	"
85	11 fév.	Reçu de Niquet pour règlement de son effet n° 18 : Acompte en espèces.................... 200f 00c Son billet au 15 avril en renouvellement........ 200 00	400 00	R. 24	"	"	"	"	200 00	"
86	Idem	Reçu du même pour : Intérêt de renouvellement.................... 2f 00c Frais.................... 0 30	2 30	...	"	"	"	"	2 30	"
87	15 fév.	Rendu aux emprunteurs suivants leurs effets échus : N° 16, Murat.................... 300f 00c N° 17, Simon.................... 250 00 N° 18, Niquet.................... 400 00 N° 19, Lacaze.................... 50 00	1,000 00	...	"	"	"	"	"	"
88	25 fév.	Cédé à Férec la part reprise à Lambert....................	20 00	...	"	20 00	20 00	"	"	"
89	Idem	Reçu de Férec pour libération de sa part....................	20 00	...	"	"	"	20 00	20 00	"

EFFETS ESCOMPTÉS.		EMPRUNTEURS.		CAISSE RÉGIONALE.		FONDS PLACÉS.		DÉPÔTS REÇUS.		PERTES ET PROFITS.		INTÉRÊTS SUR PARTS, sociales et divers		RÉSERVE.	
DÉBIT.	CRÉDIT.	DÉBIT.	CRÉDIT.	DÉBIT.	CRÉDIT.	DÉBIT.	CRÉDIT.	DÉBIT.	CRÉDIT.	DÉBIT.	CRÉDIT.	DÉBIT.	CRÉDIT.	DÉBIT.	CRÉDIT.
Valeur des effets escomptés	Valeur des effets sortis réescomptés.	Sommes reçues. Intérêt supporté. Effets échus.	Effets remis. Remboursements versés.	Montant des effets négociés et des remboursements.	Sommes remises par elle et escompte retenu. Effets rendus.	Placement	Retrait.	Remboursement.	Dépôt.	Frais généraux. Escompte payé. Pertes. Répartition des bénéfices.	Intérêts perçus. Profits divers.	Intérêts payés aux souscripteurs, etc.	Intérêts dus aux souscripteurs, etc.	Prélèvement sur la réserve.	Sommes affectées aux réserves
fr. c.	fr. c.	fr. c.	fr. c.	fr. c.	fr. c.	fr. c.	fr. c.	fr. c.	fr. c.	fr. c.	fr. c.	fr. c.	fr. c.	fr. c.	fr. c.
1,300 00	300 00	"	550 00	565 65	15 65	1,226 15	"	"	1,100 75	26 95	27 80	8 70	16 25	"	24 10
"	"	550 00	"	"	550 00	"	"	"	"	"	"	"	"	"	"
"	"	"	"	"	"	"	"	"	"	"	"	"	"	"	"
"	"	"	"	"	"	"	"	"	"	"	"	"	"	"	"
"	"	"	600 00	"	"	"	"	"	"	"	"	"	"	"	"
200 00	"	"	400 00	"	"	"	"	"	"	"	"	"	"	"	"
"	"	"	"	"	"	"	"	"	"	2 30	"	"	"	"	"
"	1,000 00	1,000 00	"	"	"	"	"	"	"	"	"	"	"	"	"
"	"	"	"	"	"	"	"	"	"	"	"	"	"	"	"
"	"	"	"	"	"	"	"	"	"	"	"	"	"	"	"

IV

RÉPERTOIRE RAISONNÉ DES OPÉRATIONS
QUI FIGURENT AU JOURNAL-GRAND-LIVRE.

Capital. — Il est représenté par un certain nombre de parts sociales créées par la société qui a fondé la caisse locale et cédées aux souscripteurs.

Crédit. — Ce compte est crédité de la valeur des parts ainsi cédées (art. 1, 22 et 88).

Débit. — Il est débité de la valeur des parts reprises aux souscripteurs (art. 82).

Nota. — Dans le cas où un sociétaire céderait directement ses parts à un autre sociétaire, avec bien entendu l'autorisation de la caisse, ou si celle-ci trouvait immédiatement preneur des parts qui lui seraient rentrées, il n'y aurait pas diminution de capital et il serait inutile, par conséquent, de mentionner la cession au Journal; il suffirait d'en prendre note au Livre des sociétaires.

Souscripteurs. — **Débit.** — Ce compte est débité :

De la valeur des parts souscrites par les sociétaires (art. 1, 22 et 88);

Des sommes que nous leur versons à titre de remboursements de parts reprises (art. 83).

Crédit. — Il est crédité :

Des versements faits par les souscripteurs pour payement de leurs parts (art. 2, 23 et 89);

Des parts rendues par les souscripteurs (art. 82).

Caisse. — **Débit.** — Toute entrée de fonds, ou recette, est portée au débit de ce compte :

Recette à titre de versement sur parts sociales (art. 2, 23 et 89);

Fonds reçus de la caisse régionale à titre d'escompte d'effets (art. 6, 11, 17, 27, 33); à titre d'avance pour fonds de roulement (art. 44); à titre d'intérêts de parts (art. 72); à titre de ristourne (art. 73);

Fonds reçus des emprunteurs pour payement de leurs billets ou à titre d'acompte (art. 35, 38, 39, 40, 51, 51bis, 59, 76, 77, 84, 85), pour intérêts et escompte et frais de poste (art. 41, 52, 60, 78, 86);

Fonds reçus à titre de dépôt (art. 49);

Prélèvement sur les dépôts que nous avons faits (art. 64).

Crédit. — Toute dépense, toute sortie de fonds est portée au crédit du compte de caisse, savoir :

Versement à des emprunteurs (art. 8, 13, 19, 29, 34, 47, 54);

Versement à la caisse régionale : pour souscription de parts (art. 3 et 24); pour payement de billets ou à titre d'acompte (art. 36, 42, 56, 61, 79);

Versement à titre de dépôt à la caisse d'épargne (art. 50);

Payement pour le compte d'un sociétaire (art. 65);

Payement de frais généraux, achat de timbres (art. 21);

Payement d'intérêts et escompte et de frais de poste (art. 43, 57, 62, 80);

Payement d'intérêts de leurs parts à des souscripteurs (art. 75);

Remboursement de parts à des souscripteurs (art. 83).

Nota. — Remarquer comment sont passés les quatre art. 43, 57, 62, 80. Théoriquement, il faudrait débiter Pertes et Profits des intérêts et frais dus à la caisse régionale et en créditer celle-ci, puis la débiter du payement qui lui en est fait et en créditer le compte de caisse; la caisse régionale se trouverait ainsi créditée puis débitée de la même somme.

On peut donc, sans inconvénient, supprimer des écritures les parties qui la concernent et qui ne modifient pas la position de son compte, et il est plus simple de débiter Pertes et Profits des charges qu'il supporte et d'en créditer la Caisse qui les paye.

Effets escomptés. — **Débit.** — L'on y porte les effets reçus des emprunteurs en représentation des prêts qui leur sont faits (art. 4, 9, 15, 25, 46, 53 ou en renouvellement, (art. 38, 40, 51bis, 76, 85) les effets escomptés aux sociétaires (art. 31).

Crédit. — L'on y inscrit :

Les effets sortis réescomptés à la caisse régionale (art. 5, 10, 16, 26, 32, 42, 56, 79);

Les effets qui sortent du portefeuille après avoir été acquittés ou renouvelés art. 87).

Emprunteurs. — **Débit.** — Ce compte est débité :

Du montant des sommes que nous versons à titre de prêts (art. 8, 13, 19, 29, 34, 47, 54);

Des sommes retenues à titre d'intérêt ou escompte et de frais (art. 8, 14, 20, 30, 34, 48, 55);

Du montant des effets rendus après payement ou renouvellement (art. 37, 45, 58, 63, 81, 87).

Crédit. — On le crédite :

Du montant des effets remis par eux en représentation de prêts (art. 4, 9, 15, 25, 46, 53) ou en renouvellement (art. 38, 40, 51 *bis*, 76, 85) ou pour escompte (art. 31);

De leurs versements en espèces pour payement de billets ou à titre d'acompte (art. 35, 39, 40, 51, 59, 76, 77, 84, 85).

Caisse régionale. — **Débit.** — On débite ce compte :

Du montant des effets réescomptés (art. 5, 10, 16, 26, 32) ou envoyés en renouvellement (art. 42, 56, 79);

Des sommes versées pour payement de billets ou à titre d'acompte (art. 36, 42, 56, 61, 79);

De l'intérêt des parts souscrites (art. 69).

Crédit. — On porte à son crédit :

Les sommes remises par elle à la suite de réescompte (art. 6, 11, 17, 27, 33) ou pour solde d'intérêt sur parts sociales (art. 72);

L'escompte et frais de poste qu'elle retient (art. 7, 12, 18, 28, 33);

Les effets qu'elle rend à leur échéance (art. 37, 45, 58, 63, 81);

L'intérêt de son avance (art. 67).

Fonds placés. — Les placements de fonds que nous faisons, souscription de parts de la Caisse régionale, dépôts à la Caisse d'épargne sont portés à ce compte.

Débit. — On le débite donc du montant des fonds placés (art. 3, 24, 50) et de l'intérêt qu'ils produisent (art. 70).

Crédit. — Et on le crédite des prélèvements faits sur ces placements (art. 64).

Dépôts reçus. — **Débit.** — Les sommes que nous remboursons sur les dépôts qui nous avaient été confiés sont portées au débit (art. 65).

Crédit. — Au crédit sont inscrites les sommes que nous avons reçues de la Caisse régionale à titre d'avance pour fond de roulement (art. 44);

Le dépôt fait par un sociétaire (art. 49) et l'intérêt de ce dépôt (art. 68).

Pertes et profits. — Débit. — Le débit de ce compte comprend :

L'escompte et les frais de poste que retient la Caisse régionale (art. 7, 12, 18, 28, 33) ou que nous lui payons (art. 43, 57, 80) [voir au sujet de ces articles les indications données en *note* au compte Caisse];

Les frais de poste que nous payons (art. 62);

Les frais généraux (achat de timbres, de petit matériel, de papeterie, etc.) [art. 21];

Les intérêts que nous devons au moment de l'inventaire sur la partie de capital versée (art. 66), sur les dépôts que nous avons reçus de sociétaires (art. 68), de la Caisse régionale à titre d'avance pour fonds de roulement (art. 67);

Enfin on le débite par virement, après l'inventaire, du montant des bénéfices nets portés à la réserve (art. 74).

Crédit. — L'on inscrit au crédit :

Les intérêts et frais de poste que nous retenons (art. 8, 14, 20, 30, 34, 48, 55) ou qui nous sont versés (art. 41, 52, 60, 78, 86);

Les intérêts qui nous sont dus au moment de l'inventaire sur les fonds que nous avons placés à la Caisse d'épargne (art. 70) et à la Caisse régionale (souscription de parts) [art. 69];

La ristourne que nous fait la Caisse régionale (art. 73).

Intérêts sur parts sociales et divers. — Débit. — Nous portons au débit de ce compte l'intérêt que nous payons à nos porteurs de parts (art. 75).

Crédit. — Au crédit figure l'intérêt que nous devons sur la partie de capital versée (art. 66).

L'expression « Divers » s'applique aux opérations non prévues qui ne pourraient être inscrites à aucun autre compte.

Réserve. — Débit. — Nous y inscririons, s'il y avait lieu, les prélèvements qui seraient faits sur la réserve pour parer à une perte.

Crédit. — L'on y porte, par virement, le solde créditeur du compte de Pertes et Profits représentant le bénéfice net de chaque année (art. 74).

V

BALANCES OU SITUATIONS.

Un certain nombre de Caisses régionales demandent à leurs Caisses locales affiliées une situation mensuelle ou trimestrielle pour contrôler la concordance des écritures. Supposant que notre Caisse locale doive fournir une situation à la fin de chaque trimestre, nous l'établissons de la manière suivante. D'abord, nous arrêtons tous les comptes de notre Journal-Grand-Livre, puis nous en relevons les chiffres sur une feuille disposée à cet effet et nous dégageons les soldes. Le solde débiteur du compte de « Caisse » doit correspondre exactement au montant des espèces en caisse, de même que le solde débiteur du compte « Effets escomptés », sur la Balance à fin décembre, doit correspondre au montant des effets en portefeuille. Il est nécessaire que le Directeur et le Comptable d'une Caisse locale vérifient fréquemment la concordance de la caisse et du portefeuille avec les comptes. Rappelons que le total du « Débit » et celui du « Crédit » de chaque situation doivent concorder ainsi que les totaux des soldes débiteurs et créditeurs.

Nos deux situations trimestrielles se présentent comme suit :

Situation de la Caisse locale de Crédit agricole mutuel de

Arrêtée à la date du 30 septembre 1906.

DÉSIGNATION LES COMPTES.	MONTANT		SOLDES	
	DU DÉBIT.	DU CRÉDIT.	DÉBITEURS.	CRÉDITEURS.
Capital	//	2,100	//	2,100
Souscripteurs	2,100	1,125	975	//
Caisse	5,338.25	5,331.65	6.60	//
Effets escomptés	4,250	4,250	//	//
Emprunteurs	4,250	4,250	//	//
Caisse régionale	4.250	4,250	//	//
Fonds placés	1,125	//	1,125	//
Dépôts reçus	//	//	//	//
Pertes et profits	40.75	47.35	//	6.60
Intérêts sur parts sociales, divers	//	//	//	//
Réserve	//	//	//	//
Totaux	21,354.00	21,354.00	2,106.60	2,106.60

Nouveaux adhérents admis dans le trimestre :

MM. Marthe, Basset, Matton, Saujet, Delange, affiliés au Syndicat agricole de Clamart ont souscrit une part de 20 francs entièrement libérée.

Aucune cession ou reprise de parts dans le trimestre.

Situation de la Caisse locale de Crédit agricole mutuel de

Arrêtée à la date du 31 décembre 1906.

DÉSIGNATION DES COMPTES.	MONTANT		SOLDES	
	DU DÉBIT.	DU CRÉDIT.	DÉBITEURS.	CRÉDITEURS.
Capital	//	2,100	//	2,100
Souscripteurs	2,100	1,125	975	//
Caisse	9,448.30	9,426.80	21.50	//
Effets escomptés	6,600	5,600	1,000	//
Emprunteurs	8,800	8,800	//	//
Caisse régionale	7,319	7,303.35	15.65	//
Fonds placés	1,626.15	400	1,226.15	//
Dépôts reçus	400	1,500.75	//	1,100.75
Intérêts sur parts sociales, divers	//	//	//	//
Pertes et profits	73.20	94.50	//	21.30
Réserve	//	//	//	//
Totaux	36,366.65	36,366.65	3,238.30	3,238.30

Souscripteurs nouveaux dans le trimestre : Aucun.

Aucune cession ou de reprise de parts.

VI

INVENTAIRE. — BILAN.

A la fin de l'année nous établissons une balance provisoire pour nous assurer de l'exactitude des écritures, puis nous calculons et portons en compte les intérêts que doit notre Caisse sur les capitaux qui lui ont été confiés et ceux qui lui sont dus sur les fonds qu'elle a placés.

Les intérêts dus aux parts sociales, qui font l'objet de l'article 66 du Journal, sont inscrits (avec une petite note en aparté) au crédit du compte spécial et au débit de Pertes et Profits. Les intérêts dus à la Caisse régionale sur son avance pour fonds de roulement sont également, et pour la même raison, portés au débit de « Pertes et Profits » et au crédit du compte de « Caisse régionale » (voir art. 67 du Journal).

De même, les intérêts dus au dépôt fait par la Laiterie coopérative figurent au débit de « Pertes et Profits » et au crédit de « Dépôts reçus » (art. 68).

Les intérêts des parts de la Caisse régionale que possède notre Caisse locale sont portés au crédit du compte de « Pertes et Profits » qui en bénéficie et au débit du compte de « Caisse régionale » qui les doit (art. 69).

L'intérêt dû pour notre dépôt à la Caisse d'épargne est inscrit dans les mêmes conditions au crédit de « Pertes et Profits » et au débit de « Fonds placés » (art. 70).

A la suite de ces dernières écritures nous mettons nos additions au point et nous dégageons le solde de chaque compte comme il est indiqué à la page 24 en nous assurant au moyen de notre balance d'inventaire qu'il y a égalité entre les soldes débiteurs et les soldes créditeurs.

Comme on le voit, par ce qui précède, notre inventaire s'établit d'une façon fort simple.

Pour dresser notre bilan, nous commençons par inscrire l'actif, dont nous détaillons les éléments divers suivant l'ordre dans lequel se présentent les comptes.

L'actif comprend tout ce qui est en la possession de la Caisse locale : espèces en caisse; effets en portefeuille; mobilier, et tout ce qui lui est dû. Il correspond à l'ensemble des soldes débiteurs de l'inventaire.

Nous présentons ensuite de la même façon, les éléments du passif qui comprend tout ce que notre Société doit; il correspond à l'ensemble des soldes créditeurs.

C'est la copie de ce Bilan que nous enverrons à la Caisse régionale dès que l'Assemblée générale des sociétaires aura donné son approbation à nos comptes.

VII

LIVRE DES PRÊTS EN COURS.

Le livre des prêts en cours est très important, car c'est lui qui nous fournit sur le compte de chacun des emprunteurs les renseignements dont nous pouvons avoir besoin. Il doit donc être tenu avec beaucoup de soin.

Bien que comportant plusieurs colonnes, il peut être confectionné sans frais au moyen d'un cahier de papier quadrillé disposé comme il est indiqué ci-contre.

Chaque prêt est inscrit au moment où il est consenti et les renseignements qui s'y rapportent sont portés à leur place dans les colonnes spéciales. L'on réserve à chaque prêt plus ou moins de lignes 2, 3, 4, suivant que l'on prévoit plus ou moins de renouvellements en se basant sur sa durée.

Remarquer que les chiffres de ce livre sont contrôlés par le compte d'Effets escomptés et par le Portefeuille. Nous trouvons, en effet, qu'à la date du 31 décembre nous avions consenti des prêts pour une somme de 5,750 francs et des renouvellements à cette date pour 850 francs. Le total de ces deux sommes, 6,600 francs, est égal au montant du débit du compte « Effets escomptés ».

D'autre part, nous avions reçu des remboursements, totaux ou partiels, qui s'élevaient à 3,400 francs.

La différence entre le montant des prêts . . . . 5,750 francs
et celui des remboursements . . . . 3,400 —

indique naturellement ce qui nous reste dû . . . . 2,350 francs.

Ce chiffre concorde avec les indications fournies par le Livre, d'après lesquelles nous avons 9 effets non échus, dont 5 escomptés à la Caisse régionale se montant

à . . . . 1,350 francs
et 4 en portefeuille . . . . 1,000 —

Total . . . . 2,350 francs.

Il est préférable de continuer la série des numéros des prêts pendant plusieurs années pour éviter des confusions, mais le total des prêts est arrêté chaque année. Lorsque l'on a besoin de savoir, au moment de fournir les renseignements annuels à la caisse régionale, le nombre des prêts consentis dans l'année, l'on prend le numéro du dernier prêt et l'on en déduit le nombre des prêts des années antérieures. Dans une Caisse locale un peu importante, le livre des prêts en cours serait utilement complété par un répertoire permettant de retrouver commodément le compte de chaque emprunteur. Les opérations inscrites après l'inventaire sont indiquées par des chiffres plus petits.

EMPRUNTEURS.	CAUTIONS.	Numéros des effets.	MONTANT DES PRÊTS.	DATE DE L'ÉCHÉANCE des billets.	MONTANT des RENOUVEL-LEMENTS.	des REMBOURSEMENTS	OBSERVATIONS.
1 Jourdan à Clamart. 3 mois.	—	1	300^f	15 octobre.	—	300^f	Esc^{té} C R.
2 Adrien à Clamart. 6 mois.	—	2 14	100^f	3o octobre. 3o janvier.	50^f	50^f 50	Idem. Idem.
3 Barret à Trivaux. 3 mois.		3	200^f	3o octobre.	—	200^f	Idem.
4 Durand à Clamart. 3 mois.	—	4	150^f	3o octobre.	—	150^f	Idem.
5 Syndicat agricole de Clamart. 1 an.	Le Président.	5 15 23	800^f	3o octobre 3o janvier. 30 avril.	500^f 300	300^f 200	Idem. Idem. Idem.
6 Morain à Issy 3 mois.	Sa femme.	6	300^f	15 novembre	—	300^f	Idem.
7 Jallot à Issy. 6 mois.	—	7	200^f	15 novembre	—	200^f	Idem.
8 Lalande à Vanves. 6 mois.	Le Page à Vanves.	8 20	500^f	15 novembre 15 février.	300^f	200^f	Idem. Idem.
9 Denis à Clamart. 3 mois.	—	9	200^f	15 décembre.	—	200^f	Idem.
10 Julien à Clamart. 3 mois.	—	10	150^f	15 décembre.	—	150^f	Idem.
A reporter....	....	....	2,900^f				

EMPRUNTEURS.	CAUTIONS.	NUMÉROS des effets.	MONTANT DES PRÊTS.	DATE DE L'ÉCHÉANCE des billets.	MONTANT des RENOUVELLEMENTS.	MONTANT des REMBOURSEMENTS	OBSERVATIONS.
Report....	....	....	2,900^f				
11 Robert à Clamart. 3 mois.	—	11	50^f	15 décembre.	—	50^f	Esc^{té} C R.
12 Caron à Clamart. 3 mois.	—	12	100^f	15 décembre.	—	100^f	Idem.
13 Kirch à Clamart.	Traite sur Luce et Ce Paris.	13	1,200^f	30 décembre.	—	1,200^f	Idem.
14 Mura à Issy. 6 mois.	—	16	300^f	15 février.	—	300^f	
15 Simon à Fleury. 6 mois.	—	17	250^f	15 février.	—	250^f	
16 Niquet à Fleury. 6 mois.	Son père.	18	400^f	15 février. 15 avril.	— 200^f	200^f	
17 Lacaze à Vanves. 3 mois.	—	19	50^f	15 février.	—	50^f	
18 Frémont à Clamart. 3 mois.	—	21	300^f	15 février.			Esc^{te} C R.
19 Thomas à Clamart. 3 mois.	—	22	200^f	15 février.			Idem.
TOTAL des prêts de 1906...	....	....	5,750^f				
ANNÉE 1907.							
20							

VIII.

LIVRE DES SOCIÉTAIRES OU SOUSCRIPTEURS.

Ce Livre peut être confectionné sans frais au moyen d'un cahier de papier quadrillé en suivant les dispositions du modèle ci-contre. Pour le tenir, il suffit d'inscrire dans chaque colonne les renseignements correspondants, ce qui n'est pas difficile.

La colonne destinée à recevoir la mention des sommes versées doit être assez large pour que l'on puisse y inscrire les versements successifs faits sur une souscription. Lorsque la somme souscrite est versée en une seule fois, l'on annule par un trait la place blanche inutilisée après l'inscription du versement.

Quand des parts sont reprises à un sociétaire, on l'indique dans la colonne *Observations* en même temps que l'on inscrit, à la place indiquée, le nombre de ces parts et le montant des versements qui avaient été faits avant leur cession. Au moment où la part est remise à un autre sociétaire, on l'inscrit à la suite avec un nouveau numéro (voir n°s 80 et 106). L'on procéderait exactement de même dans le cas où l'échange se ferait directement entre sociétaires.

Remarquer que, tenu de cette façon, le Livre des sociétaires est contrôlé par le compte de *Capital* et par celui de *Souscripteurs*. En effet, nous y trouvons :

Parts souscrites.. 106 Montant.. 2,120^f Versements. 1,145^f
Part reprise .... 1 — 20 — 5

Reste parts... 105 Montant.. *2,100* Versements. *1,140*

Solde créditeur du compte *Capital :* 2,120 — 20 = *2,100*
Solde débiteur du compte *Souscripteurs :* 1,000 — 40 = 960

Capital versé.................... *1,140*

DATE des INSCRIPTIONS.	PARTS SOCIALES SOUSCRITES.				NOMS, ADRESSES ET PROFESSIONS DES SOCIÉTAIRES.
	Numéros.	Nombre.	Montant.	Versements.	
			fr.	fr.	
1906.					
15 juin.......	1 à 10	10	200	200 —	1. Syndicat agricole communal de Clamart............
Idem.........	11 à 20	10	200	200 —	2. Laiterie coopérative de Clamart...................
Idem.........	21 à 25	5	100	100 —	3. Société d'assurances mutuelles bétail de Clamart.....
Idem.........	26 à 30	5	100	100 —	4. M. Kirch, pépiniériste, rue de Paris, Clamart.......
Idem.........	31 à 35	5	100	25	5. M. Thomas, horticulteur, rue de Paris, Clamart.....
Idem.........	36 à 40	5	100	25	6. M. Frémont, horticulteur, au Bout-de-Ville, Clamart..
Idem.........	41 à 45	5	100	25	7. M. de Magnières, pépiniériste, Maison-Blanche, Clamart.
Idem.........	46 à 48	3	60	15	8. M. Bonnange, fleuriste, route de Châtillon, Clamart..
Idem.........	49 à 51	3	60	60 —	9. M. Chalons, fleuriste, à Belle-Vue, Clamart.........
Idem.........	52	1	20	20 —	10. M. Lecomte, horticulteur, au Pavé, Clamart.........
Idem.........	53	1	20	20 —	11. M. Adrien, agriculteur, au Pavé, Clamart..........
Idem.........	54—55	2	40	10	12. M. Jourdan, agriculteur, au Marizais, Clamart.......
Idem.........	56—57	2	40	10	13. M. Morain, agriculteur, aux Rochers, Issy.........
Idem.........	58—59	2	40	10	14. M. Jallot, agriculteur, au Moulin, Issy............
Idem.........	60—61	2	40	10	15. M. Lalande, agriculteur, à la Sablonnière, Vanves.....
Idem.........	62—63	2	40	10	16. M. Denis, agriculteur, à Clamart.................
Idem.........	64—65	2	40	10	17. M. Julien, agriculteur, à Clamart.................
Idem.........	66—67	2	40	10	18. M. Robert, agriculteur, à Clamart................
Idem.........	68—69	2	40	10	19. M. Caron, agriculteur, à Clamart................
Idem.........	70—71	2	40	10	20. M. Mura, agriculteur, à Issy....................
Idem.........	72—73	2	40	10	21. M. Simon, agriculteur, à Fleury.................
Idem.........	74—75	2	40	10	22. M. Niquet, agriculteur, à Fleury.................
Idem.........	76—77	2	40	10	23. M. Lacaze, agriculteur à Vanves.................
Idem.........	78—79	2	40	10	24. M. Barret, agriculteur, à Trivaux, Clamart.........
Idem.........	80	1	20	5	25. M. Lambert, agriculteur, à Trivaux, Clamart........
Idem.........	81 à 84	4	80	20	26. M. Bertrand, agriculteur, à Trivaux, Clamart.......
Idem.........	85 à 87	3	60	15	27. M. Jandeau, agriculteur, à Trivaux, Clamart........
Idem.........	88 à 91	4	80	20	28. M. Séjourné, agriculteur, aux Beaucerons, Clamart....
Idem.........	92 à 94	3	60	15	29. M. Durand, agriculteur, aux Beaucerons, Clamart....
Idem.........	95 à 97	3	60	15	30. M. Cosson, agriculteur, aux Beaucerons, Clamart....
Idem.........	98 à 100	3	60	15	31. M. Biguet, agriculteur aux Beaucerons, Clamart......
5 septembre....	101	1	20	20 —	32. M. Marthe, agriculteur, aux Beaucerons, Clamart....
Idem.........	102	1	20	20 —	33. M. Basset, agriculteur, aux Beaucerons, Clamart.....
Idem.........	103	1	20	20 —	34. M. Matton, agriculteur, aux Beaucerons, Clamart....
Idem.........	104	1	20	20 —	35. M. Sauget, agriculteur, aux Beaucerons, Clamart....
Idem.........	105	1	20	20 —	36. M. Delange, agriculteur, aux Baucerons, Clamart....
1907.					
25 février.....	106	1	20	20 —	25. M. Férec, fleuriste, aux Rochers, Clamart.........

SYNDICAT.	PARTS REPRISES OU CÉDÉES		OBSERVATIONS.
	NOMBRE.	VERSEMENTS qui avaient été faits.	
Syndicat agricole de Clamart.			
Idem.			
Idem.			
Idem.			
Idem.			
Idem.			
Idem.			
Idem.			
Idem.			
Idem.			
Idem.			
Idem.			
Idem.			
Idem.			
Idem.			
Idem.			
Idem.			
Idem.			
Idem.			
Idem.			
Idem.			
Idem........................	1	5ᶠ	Reprise le 5 février 1907 et cédée le 25 à M. Férec. (Voir page 1.)
Idem.			
Idem.			
Idem.			
Idem.			
Idem.			
Idem.			
Idem.			
Idem.			
Idem.			
Idem.			
Idem.			Part provenant de M. Lambert.

IX

RENSEIGNEMENTS À FOURNIR À LA CAISSE RÉGIONALE.

Comme nous l'avons déjà dit, beaucoup de Caisses régionales parmi celles qui ne se sont pas chargées de tenir la comptabilité de leurs Caisses locales demandent à celles-ci une situation ou balance périodique complétée par des renseignements qui permettent, à distance, de suivre le développement des opérations et de s'assurer de la concordance des écritures.

L'on a vu, pages 36 et 37, comment s'établissent ces situations.

D'autre part les Caisses régionales sont tenues d'exiger de chaque Caisse locale affiliée la production, dans la première quinzaine de février, de : une copie de l'inventaire et du bilan, une liste de ses créances actives et passives, et divers renseignements qui font l'objet d'un questionnaire.

La balance arrêtée à fin décembre, établie comme nous l'avons indiqué, peut tenir lieu de l'inventaire, et le modèle de bilan donné à la page 26 contient la liste des créanciers et des débiteurs de notre caisse.

Nous reproduisons ci-contre le questionnaire annuel en indiquant, devant chaque question, comment on y répond.

ENQUÊTE ANNUELLE.

CAISSE LOCALE DE CRÉDIT AGRICOLE MUTUEL DE CLAMART.

1. Date de fondation : *15 juin 1906.*
2. Circonscription : *la commune et les communes limitrophes.*
3. Régime légal : (lois de 1894 ou de 1867); *loi du 5 novembre 1894.*
4. Responsabilité des membres : *limitée.*
5. Nombre des sociétaires : *36.*
6. Capital souscrit : *(105 parts de 20 francs), 2,100 francs.*
7. Capital versé : *1,125 francs.*

8. Intérêt servi au capital : *3 %.*

9. Nombre de parts souscrites de la Caisse régionale { *11 parts libérées entièrement. 1,100* / *1 part libérée d'un quart.... 25*

10. Montant des avances de la Caisse régionale pour fonds de roulement en 1906; taux de l'intérêt : *1,000 francs, à 2 %.*

11. Nombre et montant des effets reçus en 1906, y compris les renouvellements : *22 pour 6,600 francs.*

12. Montant des prêts en cours au 31 décembre de l'année précédente (1905) : *néant.*

13. Nombre et montant des prêts nouveaux consentis en 1906, à l'exclusion des renouvellements : *19 pour* 5.750 00

14.   TOTAL des sommes dont les emprunteurs ont disposé en 1906.. 5.750 00

15. Montant des prêts en cours au 31 décembre 1906 comprenant :

4 effets non échus en portefeuille................. 1.000 00 ⎫
5 — — passés à la Caisse régionale......... 1.350 00 ⎬ 2.350 00

16. Montant des remboursements totaux ou partiels 3.400 00

17. Autres opérations : *escompte d'une traite à 4%, 1,200 francs, compris dans les chiffres donnés sous les n°⁵ 11 et suivants — pour mémoire.*

    Dépôt en compte courant reçu de la laiterie coopérative à 1 ½ %, 500 francs.

18. Effets restés impayés, nombre et valeur : *néant.*
19. Montant du fonds de réserve après les opérations de 1906 : 24 fr. 10.
20. Tous les emprunteurs sont-ils membres de la Caisse : *oui.*

1, 2, 3, 4. La réponse aux questions posées sous les numéros 1, 2, 3 et 4 se trouve sans difficulté dans les statuts.

5, 6. Pour répondre aux questions numéros 5 et 6, il suffit de consulter le livre des sociétaires.

7. Pour trouver le capital versé il suffit de soustraire du solde créditeur du compte « capital » le solde débiteur du compte « souscripteurs ».

8. L'intérêt servi au capital est fixé par les statuts ou par une délibération de l'assemblée générale; s'y reporter pour répondre à la question numéro 8.

9. Voir le bilan pour répondre à la question numéro 9.

10. Consulter le crédit du compte « Dépôts reçus » et y rechercher le montant des avances réelles de la régionale à l'exclusion des renouvellements.

11. Le nombre et la valeur globale des effets reçus dans l'année se trouvent aisément au journal-grand-livre.

12. Nous n'avons, cette année, aucun chiffre à donner en réponse à la question numéro 12. Lors de la prochaine enquête, nous rappellerons ici le montant de nos prêts en cours que l'on trouvera ci-dessous : 2.350 francs.

13. Pour avoir le nombre et le montant des prêts nouveaux consentis en 1906, il nous suffit d'ouvrir le livre des « prêts en cours ». Les chiffres ci-contre diffèrent de ceux qui se rapportent aux « effets reçus », car les renouvellements, qui ne sont pas des prêts nouveaux, ne sont pas compris dans la somme de 5,750 francs.

14. Le total à porter sous ce numéro, représente l'addition des chiffres donnés sous les n° 12 et 13.

15. Nous trouvons également, sur le livre spécial, le montant des prêts en cours, constitué par le relevé des sommes non remboursées. Le montant total des prêts en cours comprend : 1° les effets conservés en portefeuille; 2° ceux qui ont été réescomptés à la Caisse régionale.

16. Nous avons prêté 5,750 francs; il nous est dû, à la fin de l'année, 2,350 francs; la différence entre les deux sommes représente le montant des remboursements, 3,400 fr. chiffre conforme au relevé du livre des prêts en cours.

17. Nous rappelons ici, pour mémoire, que notre Caisse a escompté une traite et reçu des fonds en compte courant.

18. S'inspirer de ce qui s'est produit pour répondre à cette question.

19. Donner le montant du crédit du compte spécial.

20. Tous nos emprunteurs sont membres de la Caisse.

Les autres questions concernent le développement de l'institution, l'usage qui est fait du crédit et les avantages que les agriculteurs en retirent; la réponse à y faire s'inspire naturellement des conditions locales.

X

PUBLICATIONS LÉGALES.

Suivant les dispositions de l'article 5 de la loi du 5 novembre 1894, les Caisses de crédit agricole mutuel doivent déposer en double exemplaire au greffe de la justice de paix, chaque année, dans la première quinzaine de février : la liste des membres de la caisse à cette date, le tableau sommaire des recettes et des dépenses ainsi que des opérations effectuées dans l'année précédente.

Nous établirons donc, au moment indiqué, la liste des adhérents à notre Caisse, et nous trouverons pour cela tous les renseignements nécessaires au livre spécial : noms et adresses, professions, syndicat.

Le Journal-Grand-Livre et les renseignements que nous avons établis pour la caisse régionale nous permettront de dresser convenablement le tableau demandé.

Relevé sommaire des recettes et dépenses et des opérations effectuées en 1906.

	DÉBIT.	CRÉDIT.
Capital	*u*	2,100ᶠ 00ᶜ
Souscripteurs	2,100ᶠ 00ᶜ	1,125 00
Caisse	9,448 30	9,426 80
Effets escomptés (22)	6,600 00	5,600 00
Fonds placés	1,626 15	400 00
Dépôts reçus	400 00	1,500 75
Pertes et profits	73 20	94 50
Réserve	*u*	21 30
Prêts consentis : 19 pour 5,750ᶠ	*u*	*u*
Remboursements 3,400	*u*	*u*

XI -

APPENDICE.

Quelques indications et renseignements n'ont pas trouvé place dans les chapitres qui précèdent; nous les résumons ci-après :

Barème :

Barème pour le calcul de l'intérêt d'une somme de 100 francs.

JOURS.	2,50 p. o/o.	3 p. o/o.	3,50 p. o/o.	4 p. o/o.	4,50 p. o/o.
	francs.	francs.	francs.	francs.	francs.
1............	0,0069	0,0083	0,0097	0,0111	0,0125
2............	0 0138	0 0166	0 0194	0 0222	0 0250
3............	0 0208	0 0249	0 0291	0 0333	0 0375
4............	0 0277	0 0333	0 0389	0 0444	0 0500
5............	0 0347	0 0416	0 0486	0 0555	0 0625
6............	0 0416	0 0499	0 0583	0 0666	0 0750
7............	0 0485	0 0582	0 0680	0 0777	0 0875
8............	0 0554	0 0666	0 0778	0 0888	0 10
9............	0 0624	0 0749	0 0875	0 0999	0 1125
10............	0 0694	0 0833	0 0972	0 1111	0 1250
15............	0 1041	0 1250	0 1458	0 1666	0 1875
20............	0 1388	0 1666	0 1944	0 2222	0 25
25............	0 1735	0 2083	0 2430	0 2777	0 3125
30............	0 2083	0 25	0 2916	0 3333	0 3750

Application du barème au calcul de l'intérêt d'une somme de 300 francs pendant 4 mois 15 jours, à 3 p. o/o :

300 francs produisent en 1 mois, 0 fr. 25 × 3 = 0 fr. 75
et en 4 mois, 0,75 × 4 =..................... 3 fr.
Ils produisent en 15 jours, 0 fr. 125 × 3 =.......... 0   375

$$\text{Total} .... \quad 3 \text{ fr. } 375$$

BILLET À ORDRE. — L'on trouvera ci-dessous un modèle de billet à ordre et une formule d'endos.

Modèle de billet à ordre.

Châtillon, le 15 octobre 1906.   B. P. F. 400.

Au quinze janvier prochain je payerai[1] à l'ordre de la Caisse locale de Clamart la somme de quatre cents francs valeur reçue comptant.

Signature de l'emprunteur [2],

Signature de la caution [3] s'il y a lieu,

Payable au siège de la Caisse régionale [4] de

Timbre mobile
de o fr. o5
pour 100 francs
ou
fraction de 100 fr.
—
Doit être annulé par l'emprunteur qui inscrit le nom de sa localité, la date et signe [5].

---

[1] Si la caution s'oblige solidairement, on écrira : nous payerons conjointement et solidairement.

[2] Si le billet n'était pas écrit de la main de l'emprunteur, il écrirait avant de signer : bon pour la somme de francs....

[3] La signature de la caution sera précédée de la mention : bon pour caution solidaire de la somme de francs.... Bien souvent la caution se donne sous forme d'*aval* qui est inscrit comme suit en travers de la partie gauche du billet :   *Bon pour aval,*

Signature :

[4] Indiquer s'il y a lieu le siège de la caisse régionale où sera payable le billet.

[5] Si l'on s'était servi, pour établir le billet, d'une feuille de papier timbré, il faudrait avoir soin de ne pas écrire sur les vignettes du timbre.

Formule d'endos que la caisse locale inscrit au dos du billet au moment où elle l'escompte à la caisse régionale.

Payez à l'ordre de la caisse régionale de crédit agricole de...... Valeur en compte. Clamart, le.........

Le Secrétaire-trésorier,

Le Président,

Code de commerce. — Pour satisfaire aux dispositions de l'article 11 du code de commerce la caisse avant de mettre son Journal-Grand-Livre en service le fera viser par le Maire de la commune qui inscrira sur la première page : *Le présent registre contenant ...... feuilles, destiné à servir de Journal à la Caisse locale de crédit agricole mutuel de ....a été coté visé et paraphé par nous Maire de la commune de........conformément aux dispositions du Code de commerce.*

A..........le.........

Le Maire,

(Signature).

Puis sur chaque feuille le Maire en rappellera le numéro qui sera écrit en lettres et il signera.

Le Journal doit être tenu par ordre de date, sans blancs, lacunes, surcharges, ni transports en marge. Il doit être conservé ainsi que le copie de lettres et les pièces comptables pendant 10 ans.

L'inventaire annuel est également exigé par le Code de commerce.

Correspondance avec la Caisse régionale. — Il nous a été souvent donné de voir, dans des Caisses régionales, des lettres provenant de Caisses locales conçues dans des termes tellement laconiques qu'il n'était plus possible d'en tirer le moindre renseignement. Nous recommanderons donc particulièrement aux secrétaires ou directeurs des Caisses locales de mentionner très exactement dans leurs lettres à la Caisse régionale, quand ils ne disposent pas de formules spéciales pour cet objet : le nombre des effets envoyés, pour escompte ou pour renouvellement ; le nom du souscripteur, l'échéance et le montant de chacun d'eux ; si le produit du bordereau doit être envoyé par la poste ou conservé par la Caisse régionale pour faire face à une échéance prochaine ; enfin l'importance des fonds expédiés en billets de banque ou en mandat. D'une manière générale toutes les lettres envoyées par la Caisse locale seront préalablement recopiées sur un petit registre. De même, les lettres qu'elle reçoit seront conservées dans le dossier auquel elles se rapportent ou dans un dossier spécial.

Échéances. — Notre Caisse locale a réescompté à la Caisse régionale la plus grande partie des effets qui lui ont été remis par ses emprunteurs, d'autres sont conservés en portefeuille ; dans tous les cas nous ne devons pas oublier la date à laquelle ils arrivent à échéance afin d'en assurer le règlement. Il nous faudra donc noter soigneusement l'échéance de ces effets et nous utiliserons pour cela l'un de ces agendas ou calendriers agricoles qui sont si répandus aujourd'hui. Les Caisses régionales exigent généralement que les fonds et les effets en renouvellement leur parviennent quelques jours avant l'échéance : nous inscrirons donc les effets dès leur réception sur notre agenda, à une date qui précèdera de cinq jours leur échéance et en mentionnant le nom de chaque souscripteur. Ainsi, un effet payable le 3o avril sera inscrit à la date du 25 et si ce jour le débiteur n'a pas remis la somme nécessaire au payement dudit effet, ou n'en a pas présenté un autre en renouvellement dans les conditions convenues, nous lui rappellerons son engagement et l'inviterons à se mettre en règle.

PAYEMENT DE L'INTÉRÊT DES PARTS AUX SOCIÉTAIRES. — Pour constater le paye-ment de l'intérêt dû aux sociétaires, nous en établissons la liste sur une feuille et nous mentionnons l'intérêt qui revient à chacun d'eux, puis quand nous payons un sociétaire nous le faisons signer dans une colonne spéciale, en face de son nom, et il indique en même temps la date du payement.

TABLE DES MATIÈRES.

————

IMPRIMERIE NATIONALE. — 1144-77-1910. [11283]

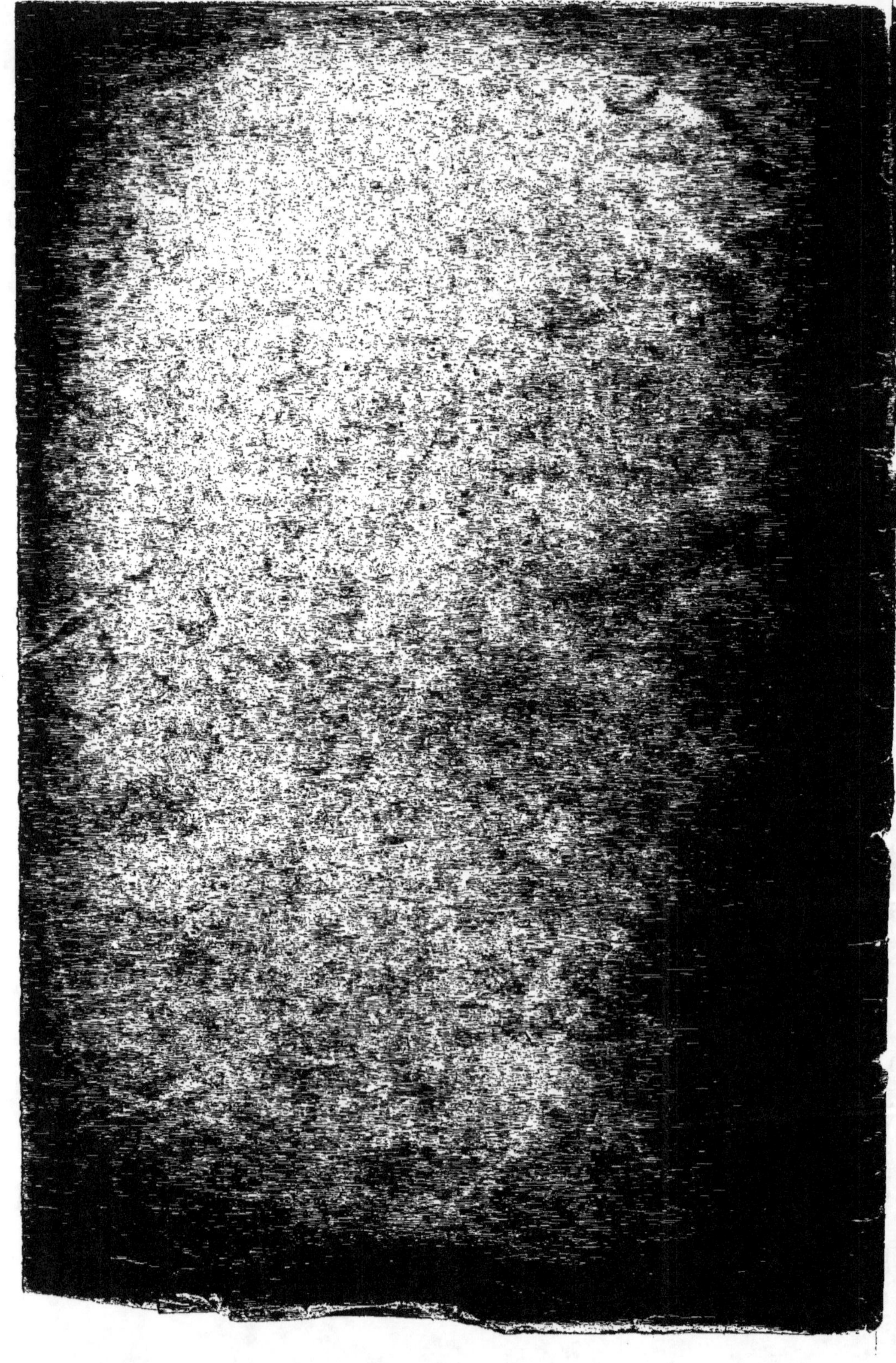

www.ingramcontent.com/pod-product-compliance
Lightning Source LLC
Chambersburg PA
CBHW051721050726
47598CB00003B/988